科学のとびら 41

たった一つの卵から

発生現象の不思議

西駕秀俊・八杉貞雄 編著

東京化学同人

まえがき

近年の生物学の進歩はまことに速い。専門の生物学者でさえ、ちょっと油断すると新しい知識に追いつかなくなってしまうほどである。まさしく日進月歩である。テレビ、新聞、そして科学雑誌などのメディアでも、これらの新しい知識やその社会的意味がしばしば報じられる。そのなかで最近目立つのはクローン動物や生殖工学など、人間や動物の発生にかかわるものである。また、神経や眼といった複雑な器官の働きもその発生過程を調べることによってはじめて本当に理解されるのであり、そのような報道、解説も多い。

しかし、動物の体づくりの秘密は、そう簡単には明らかにならない。報道、解説されるもののなかには、あたかもその研究ですべてのことがわかってしまうかのようなものも多いが、実際に研究の先端にいて日々体づくりの秘密と向かい合っていると、はたしていつこれらの秘密がわれわれの前に明らかにされるときがくるのだろうか、と少し悲観的になったりもする。

本書ではそのような研究の最前線にいて、体づくりの謎解きに取組んでいる研究者が、その研究の息吹を伝えつつ、生殖細胞の形成という発生の最初の段階から、われわれの体を構成する器官の形成に至るまでの過程を、主として遺伝子との関係に注目して解説しようとするものである。

本書の成立のきっかけとなったのは、平成八年七月に開催された、日本動物学会関東支部のシンポジウム「卵に隠された秘密をとく」で、これは主として高校生や一般向けの講演会であった。講演会を企画した西駕と八杉がそのまま本書の編者となり、このシンポジウムで講演した方々に原稿をお願いしてまとめたのが本書である。したがって本書は、高校生や一般の方々にもわかりやすいよう、できるだけ専門的な言葉を使わずに、およそ高等学校の生物の知識で理解していただけるよう配慮したつもりである。また巻末には比較的やさしいと思われる参考図書もあげてあるので、必要に応じご参照いただきたい。とはいえ、本書ではいくつかかなりむずかしい言葉や考え方もでてきて少しとまどわれるかもしれないが、全体を通して読んでいただければ、体づくりの研究の概略や、それに取組んでいる研究者の姿を見ていただけるのではないかと思う。最後に編者として、お忙しいなか、原稿をまとめて下さった小林 悟、西田宏記、木下 圭、浅島 誠各先生に心より御礼申し上げる。また本書の完成までお世話になった東京化学同人の橋本純子さん、内藤みどりさんに感謝する次第である。

平成十三年八月

西駕秀俊
八杉貞雄

目　次

序章　発生現象にひそむ不思議……西駕秀俊・八杉貞雄　1
発生とはどのような現象か。現代発生生物学の課題はなにか。
キーワード：個体発生／初期発生／細胞分化／決定因子／器官形成

1章　生殖細胞をつくる……小林　悟　13
生命を伝える生殖細胞はどのように形成されるか、ショウジョウバエを用いてその秘密に迫る。
キーワード：ショウジョウバエ／生殖細胞／極細胞／ミトコンドリアリボソームRNA／極細胞分化因子／ナノス遺伝子

2章　細胞の運命決定の謎を解く……西田宏記　47
細胞の分化を決定する仕組み、その古くて新しい問題に、精細な手技・技術を用いて取組む。
キーワード：ホヤ／脊索動物／細胞系譜／発生運命／決定因子

3章　発生の重要なターニングポイント……………木下　圭・浅島　誠　81
シュペーマンによって発見された誘導現象は、分子生物学の発展とともに新たな展開をみせている。
キーワード：アフリカツメガエル／体軸／中胚葉誘導／神経誘導／アクチビン／シグナル伝達／器官形成

4章　形づくりの基本ルール……………………西駕秀俊　127
現代発生生物学の最大の話題の一つ、ホメオボックス遺伝子の働きと生物進化の物語を明らかにする。
キーワード：発生プログラム／ショウジョウバエ／形態形成遺伝子／ホメオボックス／ホックス遺伝子／動物進化

5章　器官のできかたと誘導……………………八杉貞雄　169
体の部品である器官・臓器の形成に働いている誘導現象を、分子の言葉で語る。
キーワード：ニワトリ／器官形成／消化管／組織間相互作用／間充織因子／遺伝子発現

囲み記事

さらに知識を深めたい方に（参考図書ほか）

序章　発生現象にひそむ不思議

西駕秀俊
八杉貞雄

発生とはなにか

生物はおよそ三十五億年前に地球上に出現してから、長い進化の過程を経て今日まで絶えることなく続いている。原始的な生物は体が二つに分裂したり母体から出芽するといった簡単な方法でその数を増やしてきた。このような「無性生殖」は現在でもいろいろな生物にみられる。しかし大部分の生物、特に動物は少なくともその生活のある時期に、雌が卵を、雄が精子をつくって、それらが合体すること（受精）によって新しい個体を生み出す、いわゆる「有性生殖」の方法で個体を増やしている。卵と精子が合体して新しい個体となり、それがおとな（成体）になり、生殖をして死に至るまでの過程を「個体発生」または単に「発生」とよぶ。わざわざ「個体」という言葉をつけるのは、「系統発生」という言葉もあるからである。系統発生は、進化の過程である生物から別の生物が時間とともに生じてくることをさしている。

実は有性生殖は生物の進化においてきわめて重要であった。有性生殖によって生じる子どもは遺伝的に親と異なっている。一卵性双生児を除いては兄弟姉妹とも異なっている。このような遺伝的な多様性が、進化の素材となる個体の形質の違いを生み出す。一方無性生殖では、親から別れてできる子どもはあくまでも親と同じ遺伝子をもっているのである。

生物の発生は大昔から人びとの興味と関心を集めてきた。アリストテレスはいろいろな動物の発生を観察して、単純な構造から複雑な体ができてくることの意味を、哲学的に考察している。中世ヨーロッパにも、ニワトリの卵の中の胚（発生途中の小さい体を「胚」という）を観察して詳細な図を描いた学者がいた。

しかし、発生の本当の姿の観察や、発生を進めるメカニズムについての科学的な考え方が現れたのは十九世紀になってからであった。それにはもちろん顕微鏡の発達や、生化学などの物質に関する生物学が進歩したことが重要であった。さらに、二十世紀の後半に、遺伝子に関する科学が飛躍的に発展したことから、発生という複雑な現象も遺伝子の働きや、その調節という面からとらえられるようになった。本書では、いろいろな動物の発生にかかわる遺伝子の働きを中心に、発生がどのように始まるのか、胚のおおまかな体制がどのように決まるのか、体の中のたくさんの細胞はどのようにして生じてくるのか、多くの器官ができてくるときにどのような秘密があるのか、こういった問題を考えてみることにする。

この序章では発生という現象の全体像をみて、何が問題なのかを考えてみよう。

生殖細胞のできかた

いうまでもなく、個体の発生は精子と卵（子）が受精するところから始まるのだが、それに先立つ精子や卵の形成も発生の重要な段階である。有性生殖をするすべての生物では、精子と卵（一緒にして「生殖細胞」とよばれる）ができるときに、遺伝子の複雑な配分が起こり、それによって子どもに遺伝的な違いが生じる。一方、同じ動物や植物の種が長い年月にわたって存続することができるのは、生殖細胞形成のときに親の遺伝情報が子どもに伝えられるような仕組みがあるからである。つまり、生殖細胞形成のプロセスとそれに続く受精と個体発生が、何十億年にも及ぶ生命の連続性を保証してきたということができる。

卵も精子も一個の細胞にほかならないが、卵は一般に大型で多くの栄養分をたくわえ、一方、精子は小型で運動性をもっている。どちらも普通の細胞とは形や機能がまったく異なっている。特に生殖細胞ではその中に含まれる遺伝物質（ＤＮＡ）や染色体が普通の細胞の半分になっているのが特徴である。遺伝物質は細胞のすべての性質を決定する大切な物質であるが、もし卵も精子も普通の細胞と同じ量の遺伝物質をもっていたら、それらが合体するたびにその量がどんどん増えてしまう。そのようなことを避けるために、卵や精子が形成されるときに遺伝物質の量を半分にする特別な過程（「減数分裂」という）がある。

しかし、生殖細胞がどのように形成されるかは、長い間謎に包まれてきた。受精卵が分裂（「卵(らん)割(かつ)」という）を繰返して多くの細胞を生じるが、そのなかのどのような細胞が生殖細胞になる資格をもつのだろうか。生殖細胞はなにか特別な性質をもつのだろうか。そのような疑問がはるか昔から多くの科学者の関心をひいてきたのだが、最近になっていくつかの動物で生殖細胞形成のメカニズムが明らかになってきた。その最もいい例がショウジョウバエにおける場合である。特別な細胞質を分け与えられた細胞が生殖細胞になることや、その細胞質に含まれるものの分子的な働きが示されてきた。本書の１章ではそのことを述べる。

受精した受精卵は、卵割を繰返して細胞数を増やす。しかしただ分裂しただけでは、いつまでたってもわれわれがよく知っている動物の形にはならない。盛んに分裂した胚は、あるときに大きな転換期を迎え、胚の体の中でそれまでとは違う多くの遺伝子が働きはじめて、胚全体の形が変化し、細胞の種類が変わり、またそれぞれの細胞が自分に割り当てられた仕事（機能）を実行するようになる。このような大きな転換点で何が起こっているのかも、ここ数十年の発生生物学の大きな問題点であったが、本書では、2～4章で、最近の成果を述べる。

発生における細胞分化

ここでちょっと視点を変えて、細胞分化とはどのようなことなのか考えてみよう。動物の発生では、最初たった一個の細胞である受精卵が分裂を繰返し、やがて成体になるとそこにはいろいろな細胞集団がみられ、それらは特定の機能を果たすようになる。このように、発生の過程で種々の細胞が生じてくることを「細胞分化」とよぶ。発生では細胞分化ということが最も重要なできごとであることはいうまでもない。それでは細胞分化とは分子のレベルではどのようなことだろうか。

動物の発生過程でどのような遺伝子がどのように働いているかについては、これから述べるように多くのことがわかってきた。それでは発生に伴って細胞の遺伝子の全体は変化するのだろうか。たとえば人間の細胞にはおよそ三万ないし四万個の遺伝子があるといわれる。受精卵にはもちろんこの遺伝子の完全なセット（「ゲノム」という）があるはずである。発生が進行してもこのゲノムは保たれているのだろうか。これは昔から発生学の大問題であった。

いくつかの動物では発生に伴って明らかにゲノムが変化する。たとえばウマに寄生する回虫のあるものでは、受精卵が分裂するたびに「割球（かっきゅう）」（発生において分裂した細胞）のゲノムの多くが崩壊してしまう。すべての割球でゲノムが失われてしまうと次世代にゲノムを残せないので、将来生殖細胞になる割球では完全なゲノムが維持されることはいうまでもない。

発生、というよりは細胞分化に伴ってゲノムが変化するもう一つの例は、免疫を担当する細胞において知られている。われわれの体は、異物として体に侵入してくる多くの物質に対する「抗体」を作製しなければならない。抗体はタンパク質なので、そのための情報をもつ遺伝子があるはずである。しかし、われわれは数万とか数百万とかいう異物に対する抗体の遺伝子をあらかじめもっているわけではない。実は、簡単にいってしまえば、数百種類の遺伝子がさまざまに組合わさって多様な抗体分子をつくり上げるのである。このとき、一つのリンパ球は一種類の抗体しかつくらない。このリンパ球では、その抗体をつくるのに必要な遺伝子以外の抗体作製用の遺伝子は捨てられてしまうので、ゲノムの一部が変化することになる。

しかし現在では、このように発生に伴ってゲノムの一部が変化する、あるいは失われる現象はきわめて例外的であると考えられている。このことを最もよく証明したのは、近年話題になった「クローン動物」である。

クローン動物というのは、成体の動物の細胞から核を取出し、それを核を除去した受精卵または未受精卵中に移植し、発生させたものである。有名なクローンヒツジの場合には、成体の乳腺の細胞を、核を除去した未受精卵と細胞融合させ、それを仮母の子宮中に移植して発生させ、出産させたものである。この「事件」は、この技術を人間に応用するかどうかという倫理的な面ばかりが議論されたが、発生生物学的には分化した細胞核の全能性を示した点で重要である。同様のことは両生類を用いて古くから行われていた。アフリカツメガエルでは、成体の水かきの細胞(表皮細胞)からの核が受精卵に移植され、この卵はやがて成体にまで成長した。これらの実験は、ひとたび分化した細胞の核でも、未受精卵や受精卵の環境におかれると、発生の全過程を再現させることができることを示している。つまり分化した細胞の核にも発生に必要なすべての情報が維持されているのである。

それでは、発生の過程で、また発生を終えた段階で、多くの細胞が異なる性質(分化形質)を表すことができるのはどのような仕組みによるのであろうか。現在ではこれは「差次的遺伝子発現」というむずかしい言葉で表されている。この言葉は、細胞の分化はその細胞がもっているゲノムの遺伝子のうち、ある遺伝子のセットが発現することで達成されるという意味である。Aという細胞とBという細胞では発現している遺伝子のセットが異なり、それによって生産されるタンパク質も異なり、したがって細胞の性質が異なるということである。もちろん、細胞AとBで、発現する遺伝子がまったく異なるというのではない。細胞が生存するために必要な遺伝子(「ハウスキーピング遺伝子」という)は細胞間でほとんど共通であり、そのような遺伝子の方が特殊性を決定する遺伝子よりはるかに多いと考えられている。したがって、AとBで発現している遺伝子

（実際はメッセンジャーRNA、略してmRNA）を比較すると、両方に共通したmRNAの方が異なるmRNAよりはるかに多い。いうまでもなく分化の程度が近い細胞ほど共通に発現している遺伝子が多いことになる。

それゆえ、発生生物学の最大の問題である細胞分化の仕組みは、差次的遺伝子発現の仕組みといいかえることができるのである。この仕組みの解明こそ現代発生生物学の最も重要な課題である。

細胞分化をもたらす二つの様式

細胞が分化するということは、その細胞で特定の遺伝子が発現することとほとんど同義であるということを前節で述べた。遺伝子の入っている袋である核は周囲を細胞質で取囲まれている。したがって核の中の遺伝子の活動状況を変化させるのに、細胞質が重要な働きをしていることは、容易に想像できるだろう。実際、多くの細胞における遺伝子発現は、細胞質中の分子によって制御されていることが知られている。

さて、発生の途中で細胞が分化する様式としては、ごく大まかにいえば二つのことが考えられる。一つは、細胞それ自身の中にあらかじめプログラムがあって、細胞はそれに従って時間とともに発現する遺伝子のセットを変化させていくやり方である。この方式では、ある時点で発現している遺伝子の作用が引金になって次の遺伝子発現がひき起こされ、その遺伝子がまた次の遺伝子発現をひき起こし、というようにいわば連鎖反応として遺伝子発現が変化していく。

このような一連のできごとのはじめには、初期状態というものがあるに違いない。それはどのようにして準備されるかといえば、多くの場合は受精卵の細胞質中の「決定因子」による。2章で詳しく述べるように、ホヤの割球の発生運命はしばしばこのようにして決まる。

もう一つの方式は、ある分化状態にある細胞が、周囲の細胞や細胞群の影響(「誘導」)を受けて発生運命を決めていくというものである。両生類胚の、将来中胚葉になる細胞群は、植物極に位置する細胞群によって誘導されて初めて中胚葉に分化できるし、中胚葉の中のどのような細胞になるかも、植物極からの影響でおおまかに決定される(3章)。この場合にも結局は細胞のどの遺伝子が発現するかによってその細胞の発生運命が決定される。5章で述べる、器官形成における細胞間あるいは組織間相互作用ではまさにこの様式で細胞の運命が決定される。

しかしこれら二つの様式には、厳密な境界はない。中胚葉誘導でも、最初に中胚葉を誘導する植物極細胞は、おそらく何らかの細胞質因子を受取っていて、その因子の存在によって誘導能力を獲得したに違いない。また、誘導的作用によって分化するときも、反応系の細胞に誘導に応じる能力があらかじめ備わっていなければならない。したがって、「プログラムによる分化」と「誘導による分化」は、決して相反するものではなく、両者は密接に関係していて、ある場合にはプログラムによる分化が、ある場合には誘導による分化が表面に現れるのである。

動物の形づくり

動物の発生においては個々の細胞が分化するだけでなく、細胞群が一定の決まった配置をとって「器官」とよばれる形態を構築する。器官の構造はその器官の機能と密接に関係しているので、正しい構造ができることが正しい機能のためには必須である。ふだんわれわれはそのことを意識しないが、眼とか手とかの働きをちょっと考えてみれば、形と働きの関係はすぐにわかるだろう。このような過程は「器官形成」とよばれる。

生物の形づくりが、きわめて複雑なプロセスであることは容易に想像できるだろう。このような形づくりの秘密も、遺伝子と関係していることが明らかになってきた。特に「ホメオボックス遺伝子」とよばれる多くの遺伝子群は、このような形づくりには欠かすことのできない重要な働きをしている。このことは、4章で詳しく述べる。また、ホメオボックス遺伝子の発見は、これまでほとんど関係がないと考えられてきたいろいろな動物種の器官が、実は共通したメカニズムでつくられていることを示した。その例を5章で述べる。これによって生物の進化と発生の密接なつながりがわれわれの目の前に現れてきた。このことも最近の発生生物学のきわめて興味深い話題であって、4、5章でそのことを述べる。

われわれを含む脊椎動物では、多くの器官・臓器の形成は、上に述べた誘導に依存するところが大きい。器官を構成するいくつかの「組織」とよばれる細胞集団が互いに相手の発生運命の決定にかかわりあうことによって、複雑な構造と機能をもった器官・臓器がまちがいなくできるのである。

この分野は発生生物学のなかではどちらかといえば後発の分野であるが、新しい実験の手法の開発や遺伝子工学の発展とともに、新たな知見が集積されつつある。

ここに述べたいくつかのテーマは、発生のすべての局面を網羅しているわけではないが、いずれも現代発生生物学の最もホットな分野である。それではこれらのテーマについて、今日何が問題になり、どこまで明らかにされているかをみていくことにしよう。

1章　生殖細胞をつくる

小林　悟

小林　悟（こばやし　さとる）

一九六一年千葉県船橋市に生まれる。一九八三年筑波大学第二学群生物学類卒業。一九八八年筑波大学大学院博士課程生物科学研究科単位取得退学。現在、岡崎国立共同研究機構統合バイオサイエンスセンター教授。理学博士。専門は発生生物学。

日本動物学会奨励賞（一九九六）、つくば奨励賞（一九九七）受賞。おもな著書は、『生殖細胞―形態から分子へ―』、岡田益吉、長濱嘉孝編、共立出版（一九九六）。

子供の頃から生き物が好きで、大学時代には菌類に興味があったが、大学院でショウジョウバエの生殖細胞の研究に出会い、以後その研究とともに歩んできた。生殖細胞の研究は、発生学の古くからのテーマであるが、まだまだ新たな展開があると確信している。

趣味は、海釣り、模型づくりなどの細かい作業（ショウジョウバエの卵への微細操作も含まれる）。

雨上がりの庭の片隅にできた水たまり、いつしかそこには得体の知れない生き物が現れる。ボウフラもその仲間である。この現象は、「ボウフラがわく」といい表される。しかし、読者の方々もご存知のように、生き物が自然発生することはない。生き物には必ず親がいて、その親がつくり出す卵から子どもが生まれるのが一般的である。ボウフラも蚊の子どもなのである。卵や精子は生殖細胞とよばれている。どの多細胞動物もこの生殖細胞をつくり出すことができるからこそ、次代の生命を生み出す能力をもっている。「一寸の虫にも生殖細胞」というわけである。

生殖細胞に分化する細胞は、受精卵の細胞分裂により生じた多くの細胞のなかから、発生過程の比較的初期に選び出され、やがて卵や精子に形を変え、再び次代の生命を生み出していく。この過程が、何度となく繰返されることにより、生物種の命が維持されているのである。一方、他の細胞はというと、表皮、筋肉、神経といった個体の体をつくる体細胞とよばれる細胞に分化するが、一代限りで死を迎える。すなわち、生殖細胞は、死を迎えることなく、生命の連続性を支える細胞なのである。このような生殖細胞を中心にすえて考えると、個体は生殖細胞を入れておく器であって、生殖細胞を生き残らせるために存在するというちょっと不思議な構図が見えてくる。個体にしてみれば、少し悲しい話である。

生殖細胞は遺伝情報の運搬役でもある。細胞は通常父方と母方に由来する二セットの遺伝情報をもっている。生殖細胞に分化するように運命づけられた細胞は、減数分裂という特殊な細胞分裂を行い、二セットの遺伝情報の一セットを受取って、卵や精子に分化する。そして、それらが受精す

ショウジョウバエと遺伝学

バナナなどを放置しておくと，どこからともなく体長2〜3ミリメートルほどの小さなハエが集まってくる．これがショウジョウバエである．このようにショウジョウバエは果実を好むことから英名でfruit flyとよばれている．日本名は，想像上の怪物，猩猩(しょうじょう)にちなんで付けられた．目が赤く酒を好むこの怪物と同様に，ショウジョウバエも赤い目をもち，発酵した果実などを好むためである．このショウジョウバエ，正確にはキイロショウジョウバエは，遺伝学の格好の材料として有名である．1900年代の初頭にモーガンらにより開始されたショウジョウバエの遺伝学は，その後劇的な発展を遂げた（染色体地図，かけ合わせ，突然変異など）．その後発生学でもショウジョウバエがつねに研究の好個の材料として重要な地位を占めていることは，本章や4章の記述からも明らかである．

ることにより、完全な遺伝情報をもった次代の生命が誕生する。では、このような特殊な能力をもつ生殖細胞は、発生の過程でどのような仕組みでつくられるのであろうか。これがこの章の本題である。

ショウジョウバエの卵から生殖細胞ができるまで

私はショウジョウバエを使って生殖細胞がつくられる機構について研究をしてきた。まず、ショウジョウバエの卵の中で生殖細胞がどのようにつくられていくのかを説明しよう。

ショウジョウバエの卵は楕円形をしており、長径が〇・五ミリメートル、短径が〇・二ミリメートルと小さい（図1）。卵は、殻に覆われており、この卵殻を除くと卵黄膜に包

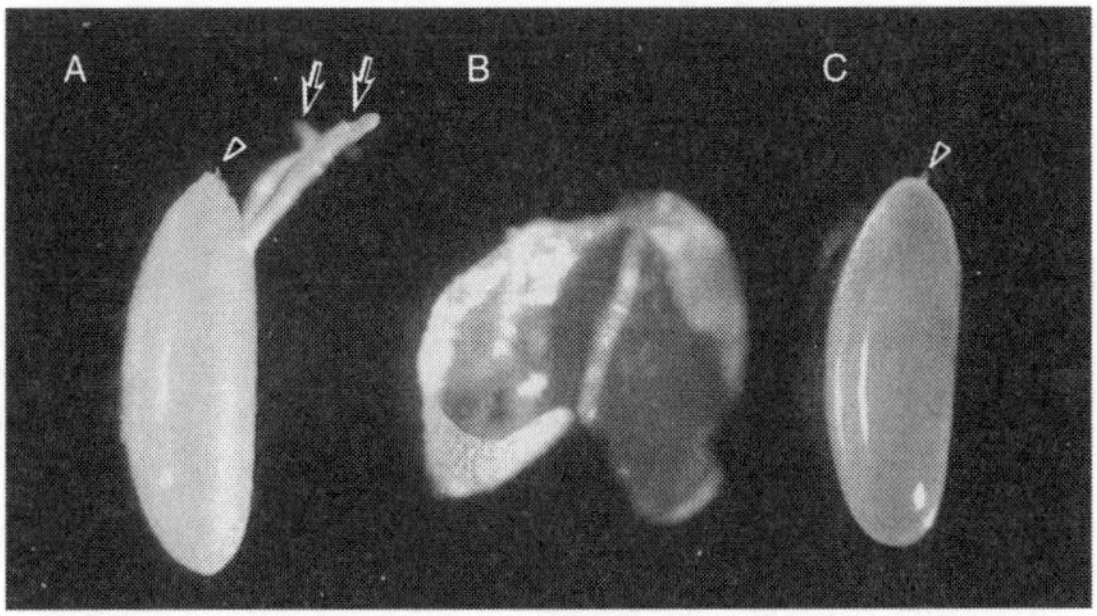

図1 ショウジョウバエの卵の写真．ショウジョウバエの卵の殻（卵殻）の前端には精子が侵入する突起（矢尻）が，卵の前半部の背側には長い卵殻突起（矢印）が形成されている（A）．卵殻（B）をピンセットで除くと卵黄膜に覆われた卵細胞が現れる（C）．卵はすべて右が背側，左が腹側，上が前極，下が後極となるように並べてある．

まれた卵細胞が現れる（図1C）。この卵黄膜の一端には精子が侵入する突起があり（図1矢尻）、この端を卵の前極、反対の端を後極とよぶ。高校の教科書によく引用される両生類の発生過程では、がまの油売りの口上のように一個の卵細胞が二個に、二個が四個、四個が八個といった具合に細胞分裂（卵割）を繰返し多くの細胞を生み出していく（4章図33、一三一ページ参照）のに対し、ショウジョウバエでは卵細胞は分裂せず核だけが卵の中央部で増殖するという特徴をもっている。この時期が卵割期に相当する（図2、および図3A、B）。増殖した核は、その後、卵の表層へと移動していく。このとき、卵の後極に局在する生殖質とよばれる卵細胞質に侵入した核は、この細胞質とともに卵の外側にくびれだし、極細胞とよばれる細胞を形成する（図2、および図3A～D）。これは、卵が産み落とされてからちょうど九〇分後のできごとである。この

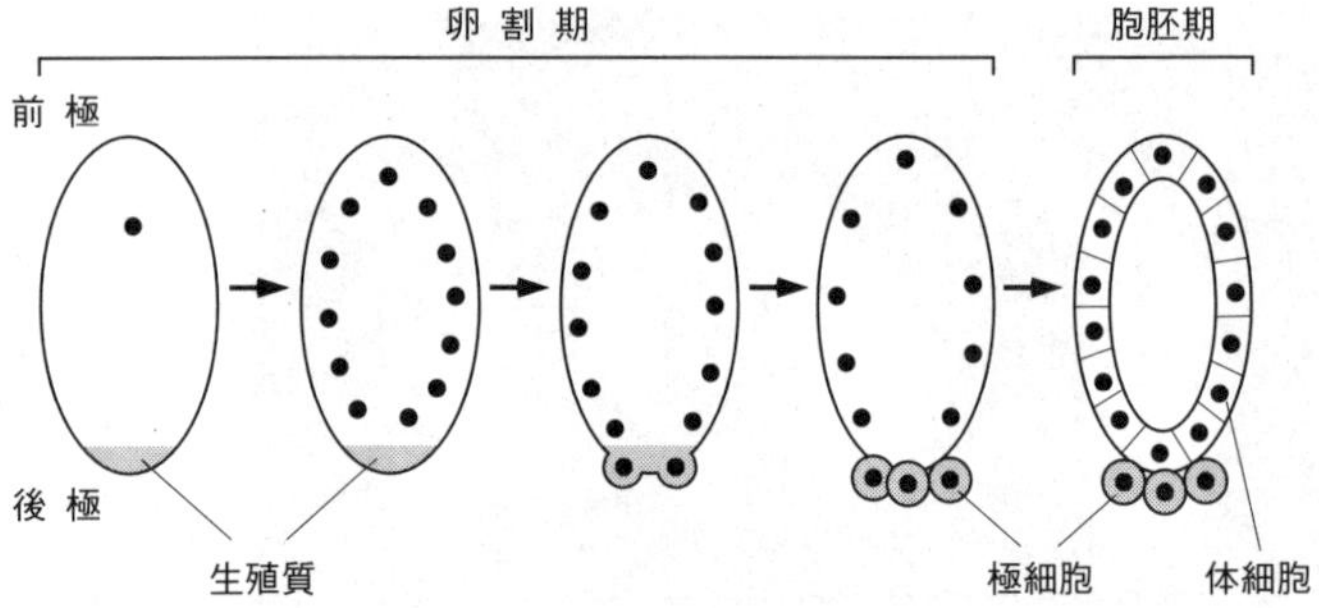

図 2　初期胚発生過程の模式図

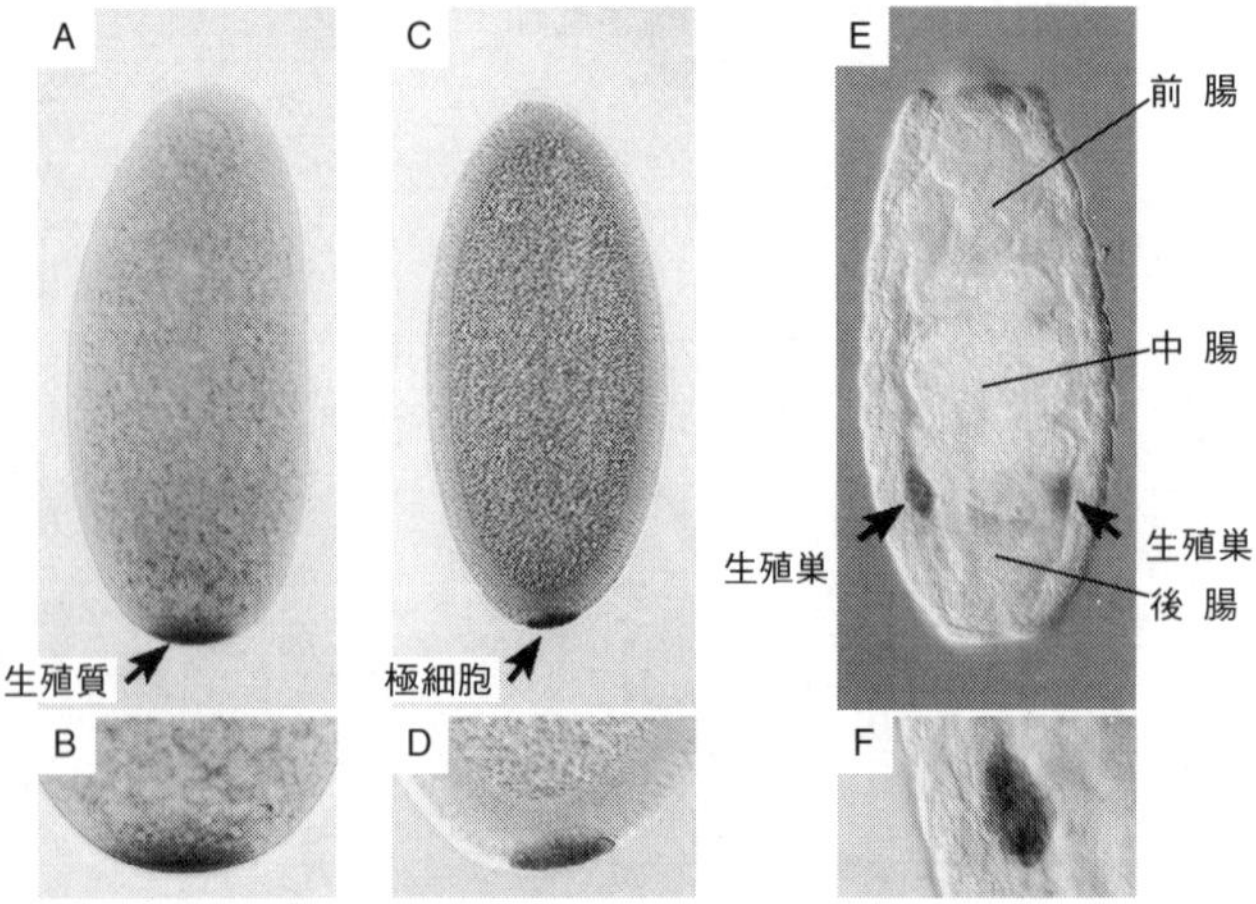

図 3　生殖質および極細胞の染色．卵割期（A），胞胚期（C），産卵後約 12 時間の胚（E）の写真．生殖質および極細胞のマーカータンパク質であるヴァサタンパク質の局在する場所が黒く染色されている．B，D，F はそれぞれ A，C，E の矢印部分の拡大図．

極細胞こそ、ショウジョウバエで唯一、卵や精子などの生殖細胞に分化できる細胞である。一方、他の表層の細胞質に入った個々の核は、そこで細胞膜に包まれ、細胞となる（胞胚期：図2）。これらの細胞は、やがて、ショウジョウバエの体を形成する体細胞に分化する。このように、ショウジョウバエでは、発生過程の非常に早い時期に、生殖細胞になる細胞と体細胞になる細胞が決定されるのである。

形成された極細胞は、次のような過程を経て最終的に生殖細胞にまで分化する。産卵後三時間くらいすると、卵の前端と後端の体細胞の層が、卵の内側に落ち込んでいく（図4b）。これらの細胞層は、やがて卵の中央部で互いに付着し一本の管となり消化管を形成する（図4の斜線部）。この消化管をつくる細胞層（後部中腸原基）の卵内への落ち込みに伴って極細胞は移動し（図4b、c）、前端と後端から伸びてきた消化管の原基が胚の中央部でつながる前に、後部中腸原基の細胞の間をすり抜けて胚の内部に移動する（図4d）。胚の内部に移動した極細胞は、将来卵巣や精巣などの生殖巣をつくる細胞に取囲まれ、胚の生殖巣をつくり上げる（図4g、および図3E、F）。しかし、生殖巣に取込まれた極細胞は、すぐに卵や精子などの生殖細胞に分化するわけではない。極細胞から卵や精子がつくられるのは、成虫になってからである。極細胞は、それまでの期間、生殖巣の中で分化の時を待ち続けるのである。

極細胞に由来する細胞は、成虫の生殖巣の先端に位置する生殖幹細胞とよばれる細胞に分化する。この生殖幹細胞は、精子や卵を絶え間なく生み出すために、ちょっと変わった細胞分裂を行う。生

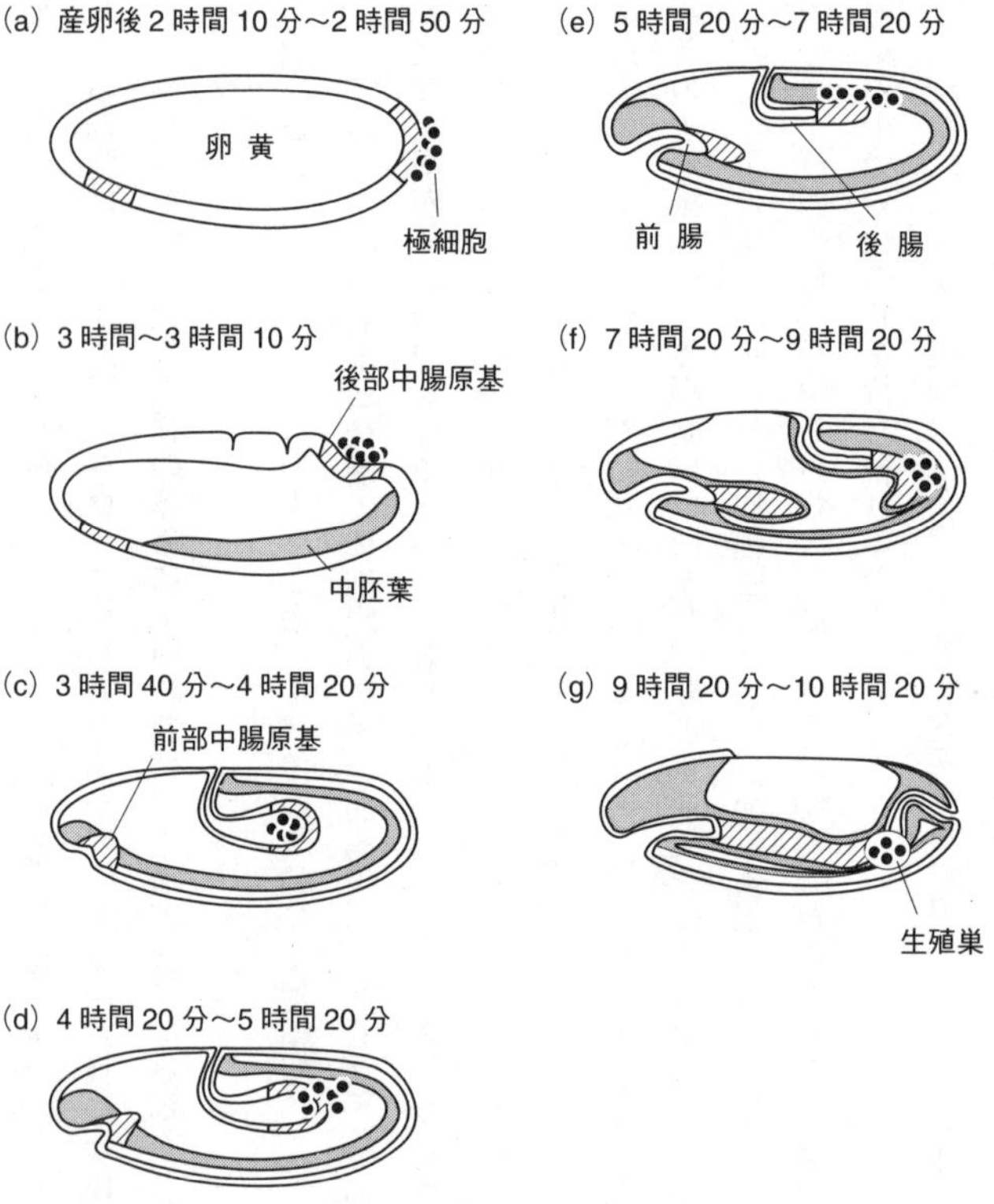

図4　極細胞の移動過程を示す模式図．25℃で発生させたときの産卵後の時間変化を示す．胚発生過程は，約24時間で終了し，胚は，卵黄膜と卵殻を破り孵化する．胚はすべて左が前極，上が背側となるように並べてある．

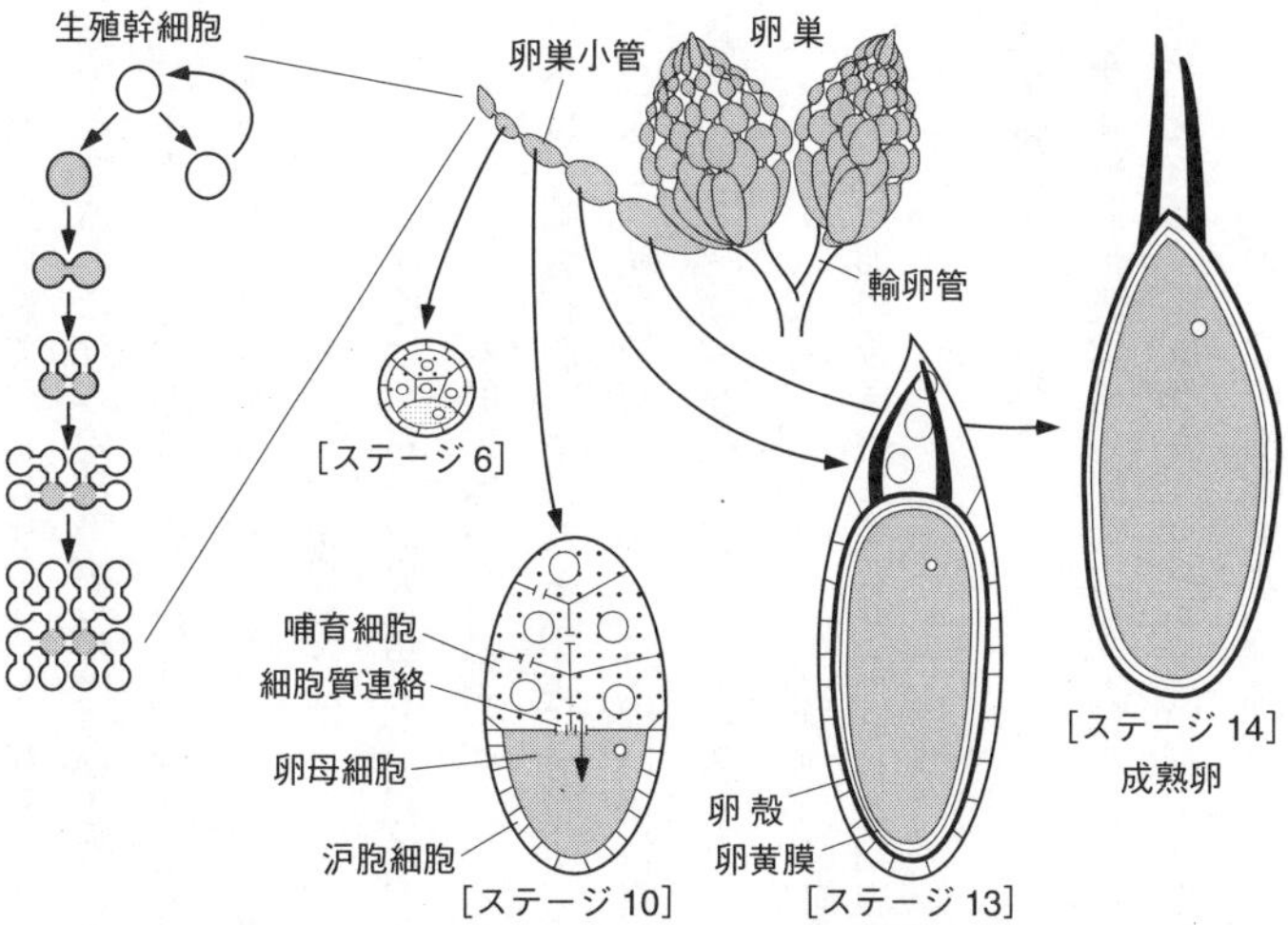

図 5 卵形成過程の模式図．生殖幹細胞の分裂により生じる 2 個の細胞のうちの 1 個は，さらに細胞分裂を 4 回繰返し 16 細胞のクラスターをつくる（図左）．この 16 細胞のうちの 1 個が卵母細胞に，残りの 15 個の細胞が哺育細胞になる．哺育細胞と卵母細胞は，沪胞細胞とよばれる細胞群に包まれており，卵形成の後期になると沪胞細胞は卵母細胞の周囲に卵黄膜と卵殻を分泌する(ステージ 13 の図参照)．哺育細胞と沪胞細胞は，最終的に退化し，卵黄膜と卵殻に包まれた卵が完成する（ステージ 14）．

殖幹細胞の細胞分裂により生じた二つの娘細胞のうちの一方は、卵や精子に分化することができるのに対し、もう一方の娘細胞は再び生殖幹細胞となり同様の細胞分裂を繰返していく（図5左）。このような機構により、少数の生殖幹細胞から多数の卵や精子がつくられるのである。では実際、どのように卵や精子がつくられるのであろうか。雄の成虫は左右一対の生殖巣、すなわち精巣をもつ。一つの精巣の先端には五～九個の生殖幹細胞があり、この幹細胞の細胞分裂により生じた娘細胞の一つは、さらに四回細胞分裂を繰返し、十六個の精母細胞となる。これらの精母細胞は、ひき続き減数分裂を行い、最終的に六十四個の精子を生み出すのである。一方、卵の形成過程は、卵巣小管とよばれる細い管の中で進行する（図5）。約二〇本の卵巣小管は基部で融合し一つの卵巣を形成している。雌の成虫は、このような卵巣を左右一対もっている。卵巣小管の先端部には、二〜三個の生殖幹細胞が存在し、この幹細胞の細胞分裂により生じた娘細胞は、精子形成過程と同様に、さらに四回細胞分裂を繰返し、十六個の細胞を生み出す。しかし、最終的に卵（卵母細胞）になるのは十六個の細胞のうち一個のみで、残りの十五個の細胞は、哺育細胞とよばれる細胞に分化する（図5）。この哺育細胞は盛んにRNAやタンパク質を合成し、哺育細胞と卵をつなぐ細い連絡路（細胞質連絡）を通してそれらの分子を卵の中に送り込む（図5）。初期発生過程にかかわるこれらの分子のいくつかは、卵の中にまんべんなく散らばっているわけではなく、卵の一部の細胞質中に局在している。このうち生殖細胞の形成過程にかかわる分子は、卵の後極の生殖質とよばれる細胞質に局在することが明らかになっている。

生殖質の働きを探る

生殖細胞形成機構の研究の歴史は古く、十九世紀の後半までさかのぼることができる。当時の研究者たちは、昆虫やカエルなどのいろいろな動物の卵を特別な色素（ヘマトキシリンなど）で染色すると、卵の一部の細胞質が他の細胞質よりも濃く染まることを見いだした。この濃い染色をもとに、この卵細胞質を取込む細胞がどのような運命をたどるかを克明に調べていった。その結果、この細胞が生殖細胞に分化することを発見したのである。このような観察から、当時の研究者たちは、この細胞質中に生殖細胞の形成に不可欠な因子が局在していると考え、この細胞質を生殖質と名付けたのである。研究者たちはさらに、この生殖質を熱した針で焼いたり、生殖質を紫外線照射したり、細いガラス管で吸取ったりすることにより、生殖細胞の形成が阻害されることをいろいろな動物を使って明らかにしていった。ショウジョウバエの卵を使った研究に、このような実験発生学的な手法が導入され始めたのは比較的遅く、一九七〇年代に入ってからであった。ショウジョウバエの生殖質を細いガラス管で吸取り、卵の前極に移植した後、極細胞が形成される発生段階まで観察していると、本来は極細胞が形成されないはずの前極に極細胞が出現する。さらに、その極細胞は、そのままにしておくと生殖巣に入ることはできないが、ガラス管で後極へ移植してやると、生殖巣中へと移動して最終的に卵や精子をつくり出す。このような能力は、生殖質以外の細胞質には見いだされない。このことは、生殖質中に生殖細胞をつくるのに必要十分な因子が局在していることを示している。さらに、同様の実験により、雌成虫の卵巣中の卵（正確には卵形成過程の最終段階にある卵、卵形成過程のステージ13および14、図5参照）の後極の細胞質にも、生殖細胞に分化可能な極細胞を誘導する能力があることが明らかとなった。このことは、生殖細胞の形成にかかわる分子が、すでに卵形成期間中に合成され、卵の後極に局在していることを物語っている。このように卵形成過程で合成され、卵の中にたくわえられ、受精後に機能する因子（分子）は、一般的に母性因子とよばれている。当時の研究者たちは、生殖細胞の形成にかかわる母性因子を単離、同定することが、生殖細胞形成機構を解明する大きな手がかりになることをいち早く感じとり、新たな研究を開始した。しかし、この研究が苦難に満ちたものであることは誰にも想像できなかったのである。

生殖細胞形成機構の研究――突然変異を用いたアプローチ

生殖細胞形成にかかわる母性因子が生殖質に局在することがショウジョウバエで明らかになった一九七〇年代は、発生学の研究対象としてショウジョウバエが注目を集めるようになった時代でもあった。それは、発生学の分野においても、突然変異を用いた遺伝学的な解析が有用であることが誰の目にも明らかに映ったからである。当時、生殖細胞形成因子の実体を明らかにするために、この手法が用いられたのは当然のなりゆきであった。いくつかの研究グループが、生殖細胞の形成が異常となる突然変異を見つけることに心血を注いだ。その方法は次のようである。生殖細胞形成にかかわる母性因子は、産み落とされた卵の中でつくられるのではなく、母親の卵巣内でつくられて卵の中にたくわえられる。つまり、この母性因子は母親がもつ遺伝子の情報をもとにつくられる。もし、母親が生殖細胞形成因子をコードする遺伝子の正常な機能を突然変異により失ってしまうと、その母親から生まれる卵は生殖細胞形成因子を失い、したがって、その卵から発生してくる子は不妊となるはずである。まさに、「親の因果が子に報い」である。このような異常を示す突然変異を、孫なし突然変異と総称している。いくつかの研究グループにより、孫なし突然変異が単離されたが、残念ながら生殖質に局在する母性因子の機能に影響を与えるような突然変異は見つからなかった。しかし偶然に、腹部の形成に異常をひき起こす突然変異が、生殖質の形成にも影響を与えることが発見された。これらの突然変異の原因遺伝子は、ポステリア・グループ遺伝子群と総称されている（図6参照）。突然変異によりポステリア・グループ遺伝子群の正常な機能を失った母親から生まれた卵は、胚の腹部の形成が阻害される。と同時に生殖質がつくられず、極細胞も形成されない。生殖質には、生殖細胞の形成因子だけでなく、腹部の形成に必須な因子も局在していることは、実は生殖質の移植実験から予想されていたのだが、ポステリア・グループ

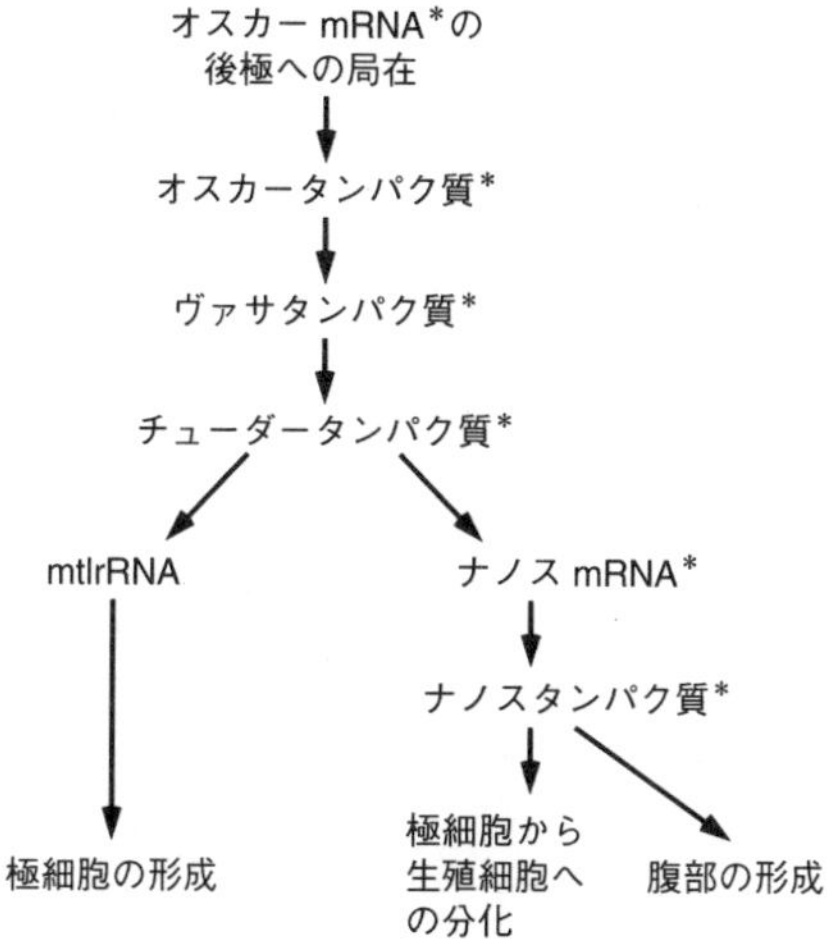

図6　生殖細胞の形成にかかわる遺伝子群．卵の後極に局在したオスカー mRNA はタンパク質へと翻訳され，そのオスカータンパク質の働きによりヴァサ，チューダータンパク質が後極に局在する．さらに，これらのタンパク質の働きにより，極細胞形成や極細胞から生殖細胞への分化過程にかかわる分子が卵の後極に局在化してくる．
＊：これらの遺伝子産物をつくる遺伝子は，ポステリア・グループ遺伝子群と総称される．

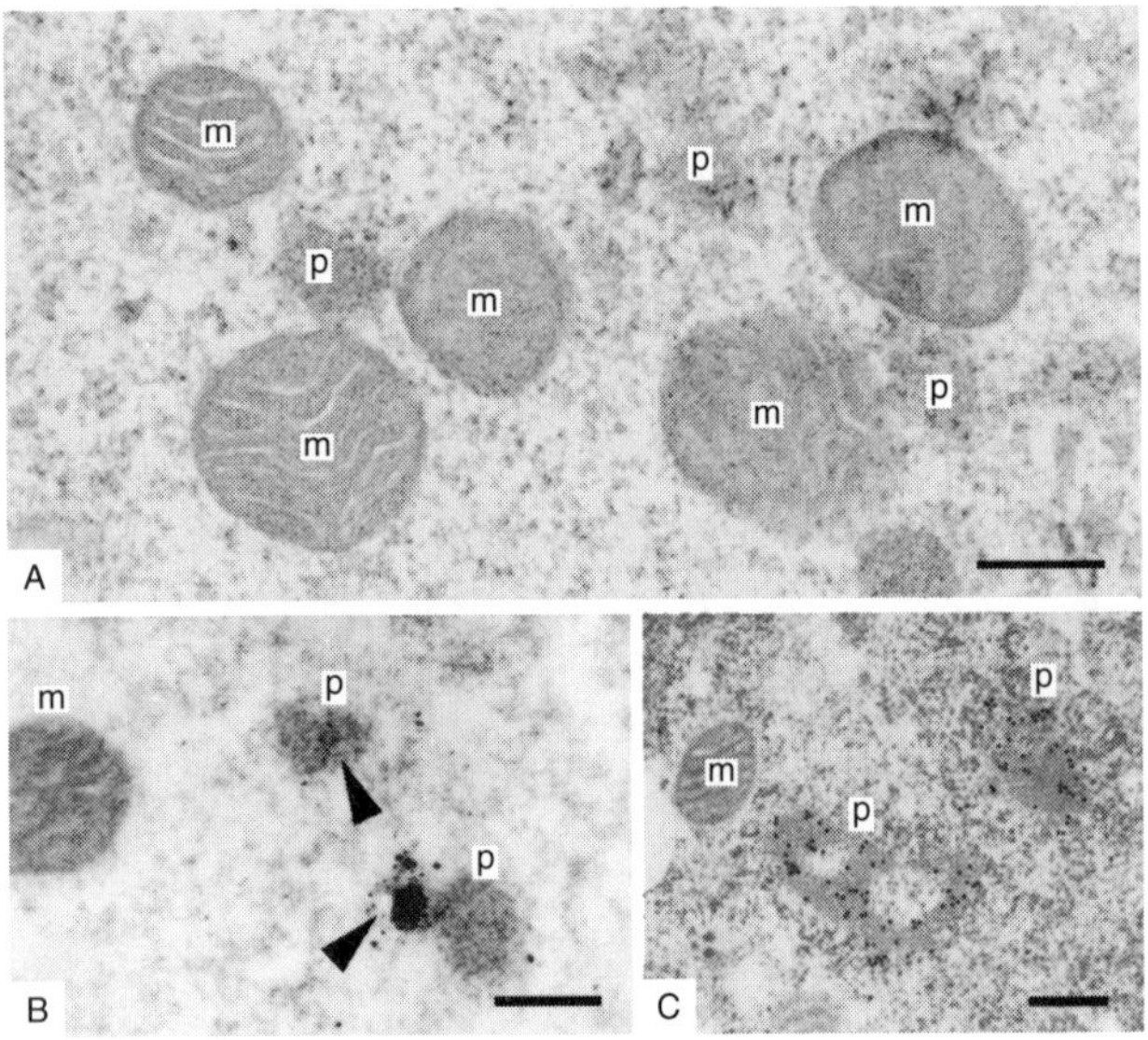

図7　卵割期胚の極顆粒の電子顕微鏡写真．図中，p は極顆粒，m はミトコンドリアを示す．極顆粒は膜に包まれない構造物である．A は，産卵直後の卵割期の極顆粒．極顆粒とミトコンドリアが付着している．B の図中の矢尻で示した黒い点の集合は，mtlrRNA の局在を示す．C 中の極顆粒上の黒い点は，ヴァサタンパク質の存在を示す．スケールバーは 0.2 μm.

遺伝子は、卵の後極に生殖質をつくることによって、生殖細胞形成因子と腹部形成因子を後極に局在させる働きがあったのである。

　では、生殖質をつくるというのは具体的にはどのようなことなのであろうか。生殖質を電子顕微鏡下でながめてみると、そこには膜をもたない直径〇・二〜〇・五マイクロメートル程度の極顆粒とよばれる構造物が観察される（図7）。これは、卵細胞の他の部分では観察されない。この極顆粒を含む細胞質というのが生殖質の正体なのである。ポステリア・グループ遺伝子群の機能を突然変異により失った母親から生み出された卵の後極には、この極顆粒が観察されない。現在では、ポステリア・グループ遺伝子群の解析が進み、この遺伝子群のうち、オスカー、ヴァサ、チューダー遺伝子の産物が極顆粒の構成成分であることが明らかとなっている（図6）。これらの遺伝子産物は、哺育細胞で合成され、卵の後極へと移送される。この移送の過程は、卵形成過程のステージ10（図5参照）までに完了し、時を同じくして、卵の後極に極顆粒が出現する。このことは、少なくともこの三つの遺伝子産物が卵の後極に局在することにより、極顆粒が形成されることを物語っている。

では、この三つの遺伝子産物があれば、生殖細胞と腹部が正常に形成されるのであろうか。答は、ノーである。この三つの遺伝子産物が後極に局在し、極顆粒が形成されるステージ10の生殖質を、細いガラス管で吸取って受精卵の前極へ移植しても、極細胞はできない。生殖質が前極に極細胞をつくる能力を獲得するのは、ステージ13になってからである。このことは、オスカー、ヴァサ、チューダータンパク質がまず極顆粒を形成し、その後これらのタンパク質の働きにより生殖細胞形成因子が極顆粒に局在するようになるものと考えられる。まず、極顆粒という器を用意し、そこに生殖細胞形成因子と腹部形成因子を詰め込むといった様式である。

器の中の二つの因子の一つ、腹部形成因子については、その正体はナノスとよばれる遺伝子の産物であることがわかっている（図6）。この遺伝子はもともと腹部の形成異常を示す突然変異とし

遺伝子の名前にまつわる物語

本章では，発生の過程で重要な働きをするいろいろな遺伝子（あるいはその産物）の名前がでてくる．その多くは初めて聞く読者には，まるでエイリアンの言葉のようにひびくかもしれない．実は遺伝子の名前付けは，研究者にとって大切であり，それゆえ気を使うことなのである．

ポステリア・グループに属する遺伝子のうち，「オスカー」は，ギュンター・グラスの有名な小説『ブリキの太鼓』の主人公の名に由来する．オスカー遺伝子の機能を失った母親から生まれる卵から発生する幼虫は，腹部（極細胞も）を欠失していて，小説のオスカーのように体長が短くなることから命名された．「ヴァサ」や「チューダー」はそれぞれ，その遺伝子の機能を欠く母親から生まれた卵が，極細胞を形成できず，親まで発生した場合でも不妊になる．そのため，子孫ができないために絶えたヨーロッパの王朝の名が付けられたのである．

このように遺伝子の名前は，その遺伝子の機能が損なわれたときに表れる表現型にちなんで付けられることが多い（特にショウジョウバエの場合）．なかには日本語で，ハエの体節が欠失することを意味するフシタラズ（*fushi tarazu*）とか，孫ができなくなるマゴナシ（*mago nashi*）などといった遺伝子名が国際的に通用することもある．

ある遺伝子を発見してクローニングしたときに，その遺伝子が広く知られるようになるためにはネーミングの要素も重要である．そのために研究者は，なんとか魅力的な名前を付けようと知恵を絞る．

傑作とされ，その後広く流布した遺伝子名は多いが，一つだけ紹介しよう．ショウジョウバエの突然変異で，毛が逆立つのでハリネズミにちなんでヘッジホッグ（*hedgehog*）と命名された遺伝子がある．この遺伝子に類似した遺伝子が脊椎動物で３種類クローニングされ，ハリネズミの種類に対応してサバクハリネズミ（*desert hedgehog*），インドハリネズミ（*indian hedgehog*）と命名された．３種類目にはなんと，セガのキャラクターであるソニックヘッジホッグ（*sonic hedgehog*）の名が付けられた．現在ではソニックはまさに発生生物学のスーパースターで，発生過程の多くの局面で重要な働きをしていることが示されている（5章参照）．

て同定された。突然変異により、この遺伝子の機能を失った母親から生まれた卵は、腹部をつくることができない。しかし、オスカー、ヴァサ、チューダータンパク質の機能が失われた場合と異なり、その卵の後極には極顆粒が局在し、極細胞も形成される。

極顆粒という器の中のもう一方の極細胞形成因子をコードする遺伝子がもし突然変異によりその機能を失ったとすると、極細胞の形成のみが異常となって、極顆粒や腹部は正常に形成されるはずである。しかし、残念ながら、そのような異常を示す突然変異は単離されなかった。なぜこのような突然変異が単離できなかったのかは、生殖細胞形成因子が実際に同定されるまで謎だったのである。

極細胞の形成にかかわる因子を追い求める――機能を目印としたアプローチ

ショウジョウバエの生殖細胞は、すでに述べたように、まず極細胞がつくられ、それが生殖巣に移動した後、分化することによってつくられる。極細胞は、ショウジョウバエで唯一生殖細胞に分化できる細胞なのである。私たちは最初に、突然変異を用いることなしに、極細胞形成因子の一つを同定することに成功した。これは、成功したからこそいえるのであるが、私たちのとったアプローチが極細胞形成因子の単離には向いていたのかもしれない。では、どのように極細胞形成因子が同定されたか、その経緯について述べる。

極細胞がまだ形成されていない卵（卵割期胚）の後極に紫外線を照射すると、この胚では極細胞

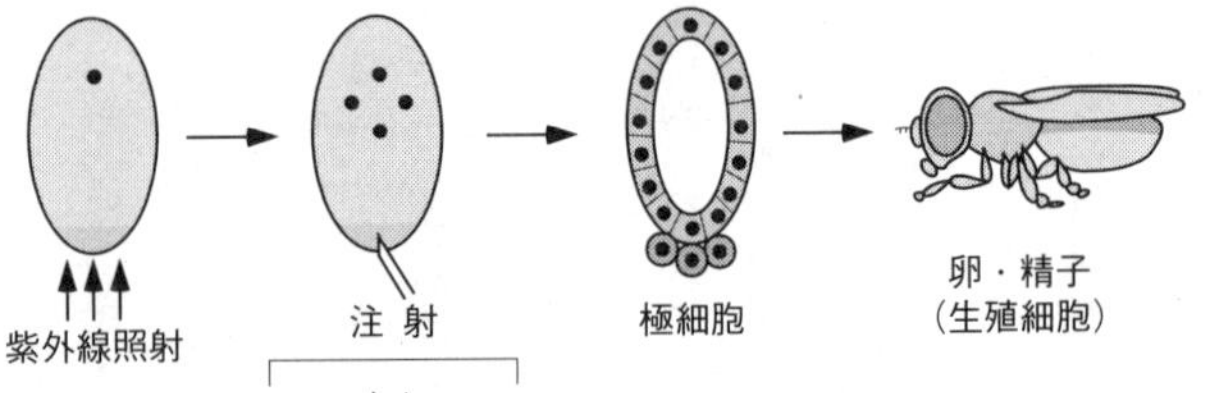

	極細胞	卵・精子(生殖細胞)
なし	−	−
正常の生殖質	+	+
mtlrRNA	+	−

図 8 極細胞や生殖細胞を形成する活性を検定する実験系

が形成されなくなる（図8）。これは、生殖質中の極細胞形成因子が紫外線の働きにより壊されるためと解釈できる。事実、紫外線照射をした胚に、紫外線を照射していない卵の生殖質を移植すると、極細胞を形成する能力、さらに生殖細胞をつくる能力も回復する（図8）。このような活性は生殖質以外の細胞質には備わっていない。これらの実験結果は、極細胞形成因子が生殖質中に局在すること、そしてその因子は紫外線により活性を失うことを示している。と同時に、紫外線照射と移植を組合わせれば、極細胞形成因子を単離同定するための検定実験系（バイオアッセイ系）になることを示している。つまり、生殖質に局在する分子を単離し、それを細いガラス管で紫外線照射した卵の後極に注射して極細胞をつくる能力が回復するかどうかを観察すれば、注射した分子が極細胞形成因子かどうかは一目でわかるはずである（図8）。しかし、このアプローチには少し無理があった。それは、生殖質中に局在する分子を単離するところであった。ショウジョウバエの卵の大きさは、先にも述べたように長径〇・五ミリメートル、短径〇・二ミリメートルで、重さが約十万分の一グラムである。生殖質は、そのうちの百分の一以下にしか過ぎず、したがって、生殖質のみを集め、そこに局在する分子を精製するには大変な労力を要することは明らかであった。そこで私たちは、生殖質ではなく、卵全体を出発材料として、そこから極細胞形成因子を探し求めることにチャレンジしたのである。私は、極細胞形成因子の候補としてRNAに着目した。RNAは紫外線により壊れる性質をもっており、候補としての性質を備えていると思われたからであった。

私が筑波大学の岡田益吉教授の研究室の大学院生としてこのチャレンジを始めたとき、まず割り振られた仕事は、極細胞が形成される直前の卵（正確には胚のことであるが、このときは外見は卵と同じであるので卵とする）を大量に集めることであった。常時数万匹のショウジョウバエを飼育し、そのハエに四〇分間隔で卵を産ませ、その卵を集め、液体窒素の中で凍らせて保存する。この作業を三日ほど繰返しても、一～二グラムの卵（一〇～二〇万個）しか集まらない。そして、集めた卵をすりつぶし、微量のRNA成分だけを抽出した。この作業を一年ほど続け、抽出したRNAに紫外線照射により失われる極細胞形成能を回復させる活性があることを大学院の先輩とともにつきとめた。次は、このRNAの正体を明らかにするため、まず抽出したRNA五〇〇〇種類の中から、極細胞形成前の卵には存在するが形成後の卵には存在しない、あるいは極細胞形成後にその量が減少する約一〇〇種類のRNAを選び出した。そのようにした理由は、極細胞形成前の卵から抽出したRNAには、紫外線照射した卵に極細胞形成能を回復させる活性があるのに対し、極細胞が形成されてしまった卵から抽出したRNAには、そのような活性が認められないという実験結果があったからである。ともかく、三年もの月日を費やしてしまったが、一〇〇種類のRNAから、紫外線照射した卵の極細胞形成能を回復させる活性をもつRNAを選び出すことができた。

このRNAは、どのようなタンパク質をコードしているのであろうか。私は期待に胸を弾ませながら、このRNAの塩基配列を決定した。単離したRNAが既知の遺伝子から転写されたものであるかどうかは、既知の遺伝子の塩基配列が収められているデータベースをコンピューターを使って検索することにより瞬時に知ることができる。検索結果を見たとたん、私はみるみる青ざめてしまった。検索の結果、単離したRNAの塩基配列は、ミトコンドリア内のタンパク質合成を行うリボソームの構成要素の一つで、ミトコンドリア内で転写される、ラージリボソームRNAと一致したのである（このRNAを以下mtlrRNAとよぶ）。「細胞のエネルギー産生にかかわるミトコンドリアがつくるRNAが、生殖細胞の形成という特定の発生過程にかかわるはずがない」私は思わず、常識的な判断にとらわれてしまった。そして私の脳裏をかすめたのは「極細胞形成因子の単離に費やした三年間が無駄になった。これでは博士の学位も取れない」という確信にも似た絶望感であった。

ミトコンドリアリボソームRNAは本当に極細胞形成因子か

眠れぬ一夜を過ごしながら、しかし、私はある一つの結論に達していた。「mtlrRNAは確かに紫外線照射した卵に極細胞をつくる活性をもっていた。私の出した結果に間違いはない」そうならば、ミトコンドリアと極細胞を結びつけるような研究結果がいままでに報告されているのではないだろうか。極細胞形成に関する論文を繰ってみるうちに、一つの論文が目に入った。それは、マホワルド博士が一九七〇年代に行った電子顕微鏡による観察結果の報告であった。それによると、極細胞質中の極顆粒がミトコンドリアと付着するというのである（図7A、図9）。さらにおもしろいことに、極顆粒がミトコンドリアと付着すると、極顆粒の中には大量のRNAが検出され、さらにそのRNAは極細胞形成に先立って極顆粒から消失してしまうという。これらの観察結果は、極顆粒上のRNAが極細胞の形成に重要な働きをすることを予想させるのに十分であった。もし、正常発生過程において、ミトコンドリア内で転写されたmtlrRNAが、ミトコンドリアと極顆粒が付着するときに極顆粒へ移送され、極細胞の形成にかかわるとすれば、mtlrRNAが紫外線照射した卵で失われる極細胞形成能を回復させることができてもおかしくはない。さらに、この考え方をもってすれば、「卵の中の至るところに存在するミトコンドリア中のmtlrRNAが、なぜ後極だけで極細胞を形成することができるのか」という疑問にも答えることができる。「mtlrRNAはミトコンドリアから細胞質へと移送されたときのみ極細胞形成に関与するが、この移送が起こるのは極顆粒が局在する卵の後極の極細胞質中のみである」というのがその答である。

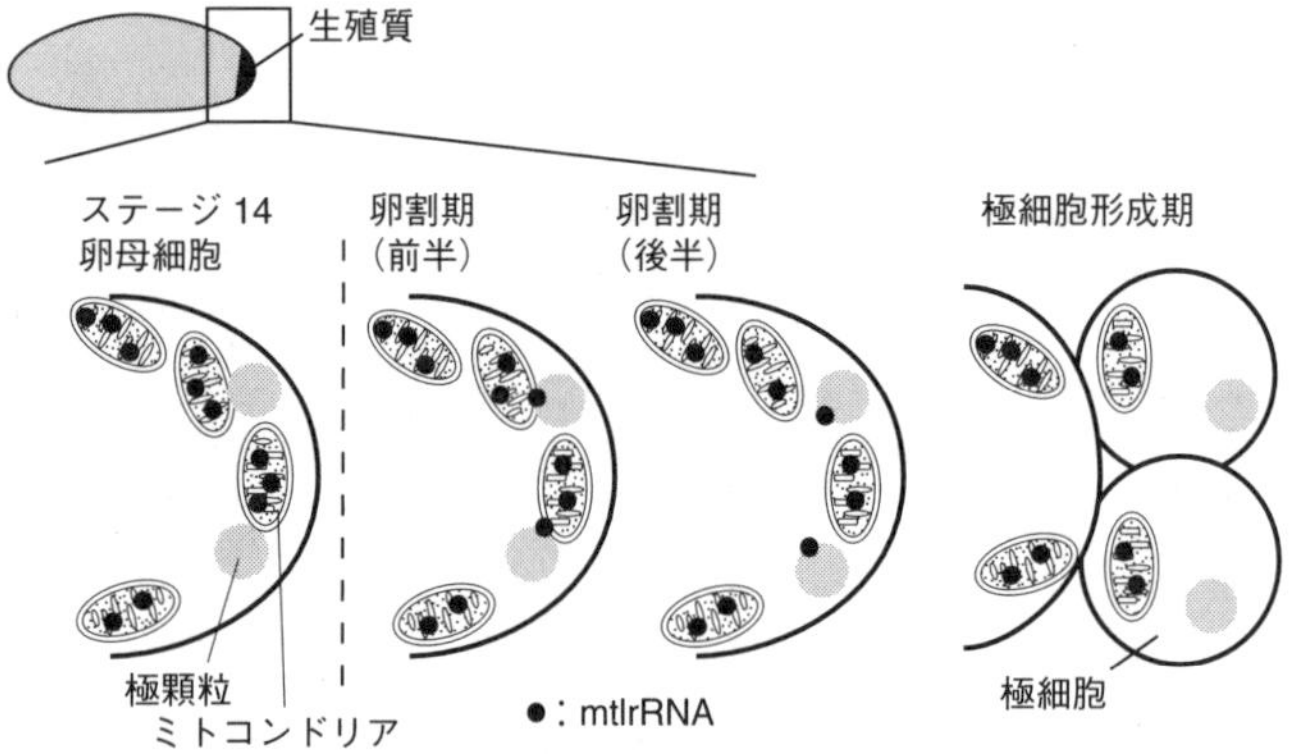

図9　初期胚発生過程におけるmtlrRNAの挙動を示す模式図．卵形成過程の最終段階であるステージ14の卵母細胞の生殖質中では，mtlrRNAはミトコンドリア中にのみ観察される．受精・産卵後，ミトコンドリア内のmtlrRNAは極顆粒へと移送される（卵割期，前半）．卵割期の後半のステージになると，極顆粒はミトコンドリアから離れるが，mtlrRNAは極顆粒上にとどまる．発生が進行し極細胞が形成されるステージになると，mtlrRNAは極顆粒から離れる．mtlrRNAを失った極顆粒は，最終的に極細胞に取込まれる．

しかし、この考え方に反対する意見は予想どおり多かった。それは、ミトコンドリアから細胞質へとRNAが移送される例は知られていなかっただけでなく、ミトコンドリアが産生する分子が特定の発生過程にかかわる例も知られていなかったためである。私たちの考えをどのように証明するかが次の問題であった。私たちは、網蔵令子博士の助けを借りた。彼女は、電子顕微鏡レベルで特定のRNAを検出するという、世界を見まわしても数箇所の研究室でしかできないような非常に高度な技術を、一年余で独自に開発した。そして、極細胞質中でのみmtlrRNAがミトコンドリアの外に存在すること、さらに、そのRNAが極顆粒に局在することの二点を明らかにすることに成功したのである（図7B、図9）。

ミトコンドリア内で転写されたmtlrRNAは、受精後にミトコンドリアから極顆粒へと移送される。このmtlrRNAの移送には、先に述べた極細胞形成因子を後極に局在させるのに必要なオスカー、ヴァサ、チューダータンパク質の働きが必須である（図6）。では、これらのタンパク質のどれがmtlrRNAの移送を直接に制御しているのであろうか。正確にこの問いに答えることはできないが、興味深い結果が得られている。オスカー、ヴァサ、チューダーのタンパク質はいずれも極顆粒を構成する分子であるが、このうちチューダータンパク質のみが極顆粒だけでなくミトコンドリア内にも局在することが報告された。この結果は、ミトコンドリア内に入り込んだチューダータンパク質が、mtlrRNAをミトコンドリアから極顆粒へと運搬する役割を担っていることを予想させる。もし、この考え方が正しいのであれば、mtlrRNAの移送が起こる時期に、これらの分子は同じ挙動をとるはずである。実際、電子顕微鏡を用いた観察から予想どおりの結果が得られた。

ミトコンドリアリボソームRNAは極細胞の形成過程で何をしているか

mtlrRNAが紫外線照射で失われる極細胞形成能を回復させるという結果の最も単純な解釈は、極細胞形成因子であるmtlrRNAが紫外線でダメージを受けて不活性となり極細胞形成能が失われる、そこへ正常なmtlrRNAを注射して補ったために極細胞形成能が回復したというものである。しかし、別な解釈もできる。たとえば、mtlrRNA自身は極細胞形成因子ではなく、単に紫外線によりダメージを受けた極細胞形成因子の機能を回復させるだけとしたらどうであろうか。私たちは、mtlrRNAの研究をはじめた時点から、「mtlrRNAが極細胞形成因子であることをどうやったら証明できるのか」という問題に、頭を痛めていた。

一般に、RNAやタンパク質の機能を知るためには、突然変異を用いた遺伝学的な手法により、それらの分子の機能だけを失わせて、その結果どのような異常がひき起こされるのかを観察すればよい。しかし、残念ながら、ミトコンドリアで合成されるRNAやタンパク質にはこの手法は使えないのである。なんとか、mtlrRNAの機能だけを壊したい。この思いに駆られて試行錯誤を繰返した。その結果行き着いたのが、リボザイムという酵素を使う方法であった。リボザイムは特定のRNAを認識してそれを切断する、ハサミのような働きをするRNA分子である。mtlrRNAだけを特異的に切断するリボザイムをつくって、それを極細胞がまだ形成されていない卵の後極に細いガラス管で注射すると、そのような卵から発生する胚の中に予想どおりに極細胞の形成が阻害されるものが出現した。この結果を含め、私たちが提出してきたすべての結果は、mtlrRNAが極細胞形成因子であることを支持したのである。

それではmtlrRNAは実際には何をしているのだろうか。極細胞は、図2に示したように、極細胞質に侵入した核が、極細胞質とともに卵の外側に突出し、やがてその突出が卵からくびれ切れるようにして形成される。この原動力となるのが、後極の細胞膜を裏打ちするように張りめぐらされているアクチンタンパク質の微小な繊維である。まず核が卵後極の極細胞質に侵入してくると、その核の近傍の細胞膜を裏打ちするアクチンの繊維の層が肥厚してくる（実際には、核そのものではなく、核とともに移動してくる中心体とよばれる構造物が、この現象をひき起こす）。おそらく、この膜を裏打ちするアクチン繊維のシートが、極細胞質と核を包むように変形することで極細胞が形成されると予想されている。極細胞形成にかかわるmtlrRNAは最終的にはこの過程を制御するものと考えられる。しかし、その間の経路は未だにブラックボックスなのである。

なぜミトコンドリアが生殖細胞をつくる作業にかかわるのか

教科書によく書いてあるように、ミトコンドリアは細胞のエネルギーをつくり出す工場のような働きをしているだけだと考えられてきた。そのようなミトコンドリアが、なぜ生殖細胞の形成にかかわる分子をつくり出しているのであろうか。この問いにはいずれ答えなければならないのであるが、現在のところ残念ながら答えられない。ただ一つだけいえることは、この現象はショウジョウバエだけに限られるものではないだろうということである。ハエと系統的に遠い関係にあるカエルの卵の中にも生殖質とよばれる細胞質が存在し、この生殖質にはそれを取込んだ細胞を生殖細胞に分化させる働きがあることがわかっている。この卵の中のmtlrRNAの分布を調べてみると、このRNAは生殖質中でミトコンドリアの外へと運搬されていたのである。ハエとの類似点はこれだけではなかった。カエルの生殖質中には、ハエの極顆粒と見間違うほどよく似た構造をもった生殖顆粒とよばれる顆粒があるが、ミトコンドリアの外にあるmtlrRNAは、この生殖顆粒に局在していたのである。これらの観察結果は、多くの動物の発生過程で、mtlrRNAが生殖細胞の形成に関与していることを暗示している。つまり、私たちが目にするさまざまな動物が進化してくるはるか以前から、ミトコンドリアのつくり出すmtlrRNAが生殖細胞の形成にかかわっていたように思えるのである。

ミトコンドリアは太古の昔に細胞に侵入した細菌であるといわれている。おそらくこの細菌は、細胞のエネルギーを生み出す役割を受けもつことで細胞に受入れられたに違いない。さらに、この細菌は生殖細胞をつくる作業にも加わり、自分自身を確実に次の世代に伝えることにも成功したのであろう。すなわち、世代を越えて伝えられる生殖細胞を利用したミトコンドリアの生き残り戦略の一つであったと解釈できる。

ミトコンドリアリボソームRNAだけでは生殖細胞はできなかった

私たちの研究でmtlrRNAが極細胞形成に必須であることがわかったが、ではmtlrRNAさえ生殖質に局在すれば、極細胞形成以降の生殖細胞形成の過程が滞りなく進行し、卵や精子ができるのだろうか。残念ながら、答はノーである。

紫外線照射で失われた極細胞形成能を、生殖質を注射することにより回復させた卵は、成虫まで発生してちゃんと卵や精子をつくり出すことができるのに対し、mtlrRNAの注射により極細胞形成能を回復した卵は、成虫まで発生しても卵や精子をつくれなかった（図8）。この実験結果は、

mtlrRNAは極細胞形成のみにかかわる因子であって、形成された極細胞が生殖細胞である卵、精子に分化する過程には、生殖質中に存在する別の因子が必要であることを示している。すなわち、極細胞形成因子に加え、極細胞を生殖細胞に分化させる極細胞分化因子が存在するのである。

おそらくmtlrRNAは、生殖質が存在する後極に移動してきた核を、そこに存在する極細胞分化因子と一緒に細胞膜で包み込むのに働いているのだろう。その結果、極細胞分化因子は、他の細胞に分散してしまうことなく、極細胞中に十分な濃度で保持され、極細胞の分化に必須な遺伝子群の発現をコントロールできるようになるのだろう。したがって、生殖細胞をつくる仕組みを明らかにするうえで、mtlrRNAの機能解析とともに、極細胞分化因子の実体を明らかにし、その機能を解析することが必須なのである。極細胞分化因子は、生殖細胞の形成をつかさどる決定的に重要な因子と考えられ、実際、多数の研究者がそのような因子を追い求めていたのである。では、多くの研究者が追求してやまなかった極細胞分化因子の実体は何なのであろうか。私たちは次に、ナノスタンパク質が極細胞分化因子として働くことをつきとめた。

ナノスタンパク質は極細胞分化因子か

ナノスは、前に述べたように、もともと腹部の形成にかかわる遺伝子として一九八〇年代中ごろに同定された。以来、その機能しかもっていないと信じられてきた。ナノスメッセンジャーRNA（mRNA）は、生殖質の中の極顆粒に局在しており、そのmRNAからタンパク質が合成されるのは産卵の直後、もっぱら核だけが分裂して増えている時期である。この時には、生殖質はまだ極細胞に取込まれていないので、つくられたナノスタンパク質は卵の前方に向かって生殖質から拡散する（4章も参照されたい）。生殖質のすぐ前方には、将来、腹部が形成される領域があり、ナノスタンパク質はそこで腹部の形成に参加し、極細胞ができる時期までに消え去ってしまう。それに対して、極細胞が形成されると、ナノスmRNAはその中に取込まれ、ナノスタンパク質は極細胞にのみ見いだされるようになる。この状態は、極細胞が生殖巣に取込まれる時期まで続く。

このようなナノスタンパク質のふるまいは、ナノスタンパク質が極細胞の分化過程にかかわっているのではないかと予想させるに十分であった。この予想を最初に提出したのは、当時大学院生であった北村冨一郎君であった。時とともに、この予想は確信へと変わっていった。それは、ナノスタンパク質（正確には、ナノスと非常によく似たタンパク質）をコードするmRNAが、イエバエやユスリカさらにはカエルの卵の生殖質に局在することが明らかになったからである。

ナノスタンパク質は極細胞分化因子であった

極細胞中のナノスタンパク質の機能を探りたいとき、まずショウジョウバエで考えられる方法は、このタンパク質（ナノス遺伝子）の機能が失われた突然変異を用いることである。ナノス遺伝子は、母親の卵巣内で進行する卵形成過程で活性となり、そのmRNAが卵に蓄積する。したがって、ナノス遺伝子に突然変異をもった母親から生まれた卵には、ナノスmRNAがなく、したがってタンパク質もない。このような卵から発生した胚でつくられた極細胞が生殖細胞にまで分化するか否かを調べれば、極細胞中のナノスタンパク質の機能がわかるはずである。しかし、これは不可能である。なぜなら、ナノスタンパク質を欠いた卵は、腹部形成異常のため、幼虫になる前の胚の時期に死んでしまうからである。

そこで私たちがとった方法は、ナノスタンパク質を欠く卵でつくられた極細胞を、正常な卵の後極に移植して、その卵を成虫にまで発生させ、移植した極細胞に由来する生殖細胞ができるか否かを調べるというものであった。幸いなことに極細胞は体細胞の層の外側に形成されるため、細いガラス管で極細胞だけを吸取って、他の卵の後極に移植することができる。この実験の結果、ナノスタンパク質を欠く極細胞は、最終的に生殖細胞にまで分化できないことが初めて明らかになった。予想どおりの結果であった。さらに私たちは、同じ手法を用いて、ナノスタンパク質をもたない極細胞は生殖巣に取込まれないことも明らかにした。ナノスタンパク質（あるいはそのmRNA）は、腹部形成にかかわるだけでなく、まさに多くの研究者が追い求めていた「極細胞分化因子」であり、また「生殖細胞の形成にかかわる母性因子」だったのである。

極細胞の中でのナノスタンパク質の働き

極細胞の分化の過程で、ナノスタンパク質はどのように働いているのだろうか。

私たちは、極細胞が分化する過程で活性となる遺伝子をいくつか同定していた。より正確にいえば、遺伝子というよりも、遺伝子の近くにあって遺伝子を活性化する働きをする領域（エンハンサー）を見つけていたのである。エンハンサーは、遺伝子の近傍に位置し、遺伝子の活性を調節する（したがって、エンハンサーが活性になるということは、そのエンハンサーによって調節を受ける遺伝子が活性になることである）。私たちが見つけていたエンハンサーのほとんどは、極細胞が生殖巣に取込まれるころに極細胞中で活性になる。ちょうどそのころ、ナノスタンパク質は極細胞から姿を消してしまう。これらの結果から、極細胞の中にナノスタンパク質があれば、エンハンサーは活性となるのを抑制され、なくなるとエンハンサーが活性化されるのではないか、別のいい方をすると、このエンハンサーの活性はナノスタンパク質の有無で決まるのではないか、と考えた。もし、この考えが正しければ、ナノスタンパク質を欠いた極細胞の中では、そのエンハンサーは、正常な極細胞中よりも早い時期から活性となるはずである。実際、予想どおりの実験結果が得られた。ナノスタンパク質は、エンハンサーの活性化時期、すなわち遺伝子が活性になる時期を決定する働きをしていたのである。

ナノスタンパク質はコーディネーター

極細胞の分化に限らず、一般に細胞の分化の過程は多くの遺伝子の働きにより進行する。この過程は、音楽の演奏に似ている。たとえば、弦楽四重奏では、それぞれの弦楽器は決められたタイミングで音を奏で、決められたときに演奏を終わる。このタイミングがほんの少し狂っても、全体の演奏はおかしくなる。また、実際の演奏会ではありえないが、弦楽四重奏にもしトランペット奏者がやってきて、急にマーチでも演奏しようものなら台無しである。逆に、弦楽器が一つ欠けても演奏は成り立たない。このようなコーディネートができてはじめて統制のとれた美しい旋律ができ上がる。分化過程も同様で、それぞれの弦楽器にあたる分化に必要な遺伝子が正確なタイミングで制御を受け、活性になったり不活性になったりする。また、邪魔者の闖入(ちんにゅう)をはばむように、分化に不必要あるいは害をもたらす遺伝子の発現を抑制している。このようなコーディネートができてはじめて分化過程が正常に進行するのである。生殖細胞がつくられる過程で、ナノスタンパク質は、さまざまな遺伝子が活性になる時期を正確に決定するコーディネーターとして働いている。

ナノスタンパク質には、もう一つ別のコーディネーターとしての機能があることもわかった。体細胞の分化にかかわるタンパク質の合成を極細胞中で抑制する働きである。おそらく、そのようなタンパク質が極細胞中でつくられてしまうと、極細胞の分化過程に悪影響をもたらすものと予想できる。ナノスタンパク質には、極細胞中でそのような邪魔者を抑える機能も備わっているらしい。

生殖細胞をつくる仕組み——今後の課題

本章のはじめに述べたように、生殖細胞に分化する細胞は、発生過程の比較的初期に選び出される。そして残りの細胞は体細胞となる。私たちは、極細胞の中では、ナノスタンパク質が体細胞分化にかかわるタンパク質の合成を抑制していることを見つけた。このことはさらに、「体細胞に分化しないように身を守ることが生殖細胞としての性質を確立する一つの方法」であることを私たちに教えてくれた。最近、この考え方を強く支持する結果が、線虫を用いた研究から得られている。

線虫 *Caenorhabditis elegans* の卵の後極には、ショウジョウバエの極顆粒に相当するP顆粒とよばれる顆粒が局在しており、生殖細胞をつくり出す割球（生殖細胞の起原細胞）に取込まれる。この生殖細胞の起原細胞にパイ−1とよばれるタンパク質が局在することが明らかになった。このタンパク質の機能が突然変異により失われると、驚くべきことに、生殖細胞の起原細胞は、生殖細胞に分化しないで体細胞への分化の道を歩み始めることがわかった。さらに、このパイ−1タンパク質は、生殖細胞の起原細胞の中でmRNAがつくられるのを抑制することが見いだされた。つまり、生殖細胞の起原細胞の中では、体細胞を分化させる遺伝子の発現がパイ−1タンパク質によって抑制されているのである。

ショウジョウバエの極細胞でもmRNAの合成の低下が報告されている。極細胞が形成されてから中腸の原基の細胞層をすり抜ける発生段階まで、極細胞の中では新たなmRNAの合成はほとんど起こらない。おもしろいことに、ちょうどこの時期は、卵の中にたくわえられた母性因子の働きにより、それぞれの体細胞の発生運命の決定が起こる時期にあたる。これらの結果から、「生殖細胞に分化する細胞は、体細胞の分化にかかわる遺伝子の発現を抑制する仕組みをもつことによって自己を確立している」ことが読取れるのである。

では、このような遺伝子発現の抑制機構さえあれば、生殖細胞は自己を確立できるのであろうか。

この点を明らかにすることが、今後の生殖細胞形成機構の研究の鍵となるように思える。いずれにせよ、多くの動物群における生殖細胞形成機構を明らかにするために私たちがとるべき一つの道は、ショウジョウバエの生殖質中に含まれる生殖細胞形成にかかわる分子を網羅し、それらの分子（正確には、それらの分子と非常によく似た他の動物の分子）が、他の動物群ではどのような機能を果たしているのかを解析することである。

おわりに

読者のなかには、子供のころ、目覚まし時計（もちろん歯車とゼンマイで動く古い型のもの）を分解したり、組直したりする遊びに興じた経験をおもちの方もおられるのではなかろうか。きっと、分解の過程で、時計のなかに隠れている数多くの仕組みを目の当たりにすることができ、わくわくしたに違いない。やがて、家中の時計がこの分解の洗礼を受けるころには、分解するだけでおもしろかった時計の動く仕組みの全体像が見えてくる。こうなると、どんなにばらばらな部品に姿を変えた時計も正確に組直すことができるようになる。生き物の研究は、時計の分解とよく似ていると思う。現在では、生物の体を組織、細胞、分子さらに遺伝子のレベルにまでばらばらにすることができるようになった。けれども、分解に興じているのが現状である。このような過程で、生物の生殖細胞さらに体細胞が個体をつくる発生システムの全体像が見えてくることを期待したい。そうなれば、生物を組立てることも可能となる。このような夢をまじえて、この章のタイトルを「生殖細胞をつくる」とした。複雑な生物をつくり上げた「進化」という偉大な時計職人にはまだまだかないそうもないと自覚はしていても、生殖細胞の研究は止められないのである。

2章　細胞の運命決定の謎を解く

西田宏記

西田　宏記（にしだ　ひろき）

一九五七年大阪市に生まれる。一九八〇年東北大学理学部卒業。一九八七年京都大学大学院理学研究科博士後期課程修了。現在、東京工業大学大学院生命理工学研究科助教授。理学博士。専門は、動物発生学。

加藤淑裕記念賞（一九九一）、日本動物学会奨励賞（一九九五）受賞。おもな著書は、『すべては卵から始まる（岩波科学ライブラリー19）』、岩波書店（一九九五）。

大学院の入試勉強のときに発生生物学に興味をもち始めた。京都大学の大学院生になってホヤの研究を始める。それ以来、二十年間ホヤの研究に手を染めている。海が好きでスキューバダイビングもするので、海産動物の研究は自分に非常にフィットしていると思っている。

趣味は、ラジコンヘリコプターと模型づくり。

日本の珍味

私の研究室では、卵から体ができてくるときの仕組み、すなわち体づくりの謎を解き明かすための実験材料として、ホヤという生き物を用いている。この奇妙な生き物についての話からこの章をスタートしよう。

ホヤがどんな形をした動物かを知っている人は、それほど多くはないだろう。ウニ、ヒトデ、ナマコ、イソギンチャクなどが多くの水族館に展示されており、知名度が高いのに比べ、水族館でホヤを見ることは少ない。それでも兵庫県の須磨水族館や、神奈川県の江ノ島水族館でお目にかかれる。ホヤは世界に三〇〇〇種くらいいるといわれており、熱帯から南極まで、どこの海辺に行っても必ず見つかる。これからお話しするようにホヤは生物学上、とても重要な生き物なのである。にもかかわらずその知名度が低い理由は、はっきりしている。ホヤは動かないので見ていておもしろくないからだ。ホヤの成体は岩に固着していて、まるで植物のように見えてインパクトに欠ける。

東北地方、北海道にお住まいの方はホヤを知っておられるだろう。ホヤは珍味としてもてはやされ、酒の肴(さかな)として重宝されている。東北で食卓にのぼるホヤはマボヤであり、北海道のホヤはアカボヤである場合が多い。マボヤは三陸海岸で多量に養殖されており、この地方では海のパイナップルともよばれている。ホヤの味たるや文章で表現することはとてもむずかしい。一番近いのは、これまた珍味といわれている「ナマコのこのわた」であろうか。これとて食べたことのある人は、少ないかもしれない。

私は大阪で生まれたが、大学生のとき、仙台で下宿生活をしていたことがある。私はそのとき、初めてホヤにお目にかかった。そのときすでに生物学者を目指していた私は、まかない付きの下宿のおばさんに、魚屋で見た得体のしれない動物を食べさせてほしいと頼んでみた。おばさんは、やめておいたほうがいいと言いつつも料理してくれた。初めてホヤを食べることになった私は、おばさんの言ったとおりかなり手こずった。さらに困ったことには、私が頼んだ手前、他の下宿生が残したホヤも頑張って全部たいらげなければならなかったのである。今、私はホヤの味が好きである。海の味が濃縮されているという気がする。当時、自分がホヤのことを研究することになるとは夢にも思わなかったが、その後、京都の大学院生となり、奇しくもホヤの研究を二十年以上も続けている。

意外にもホヤは人間に近い

生物学者は、動物を分類して、二十六ほどのグループに分けている。なんと、ホヤとヒトは、このなかで同じ一つのグループに属しているのである。ホヤを見たことがある人には、信じがたいに違いない。あのホヤがわれわれと近い生物だなんて。そのグループの名前は「脊索(せきさく)動物」という。分類学の本を見れば、どの本にも載っている。

われわれが今ここに存在するためには、二つの歴史が関与している。一つは、生命誕生以来、数十億年にわたる進化の歴史である。もう一つは、母親の卵と父親の精子が出合ってから、人間の形になり、さらに大人になるまでの発生の歴史である。ホヤは、この二つの歴史の研究に大きくかかわっており、生物学者の注目を集めている。

われわれヒトに至る進化の道筋は、次のようであったと考えられている。イソギンチャクのようなものから、棘皮(きょくひ)動物(ウニ、ヒトデ、ナマコ)が進化し、さらに半索動物(ギボシムシ)になり、次に原索動物(ホヤ)が生じ、脊椎動物への進化に至るのである。貝、タコ、ミミズ、カニ、昆虫などは、進化を樹にたとえた場合、ヒトに至る枝とは別の枝にのっている。簡単にいってしまえば、ホヤは魚の直接の先祖なのだ。われわれは、動物をよく脊椎動物と無脊椎動物に分ける。しかし、このような分け方は動物分類学には存在しない。背骨があるかないかによる区別は、人間を中心にした分類であり、客観的ではない。あまりにも多様な動物種(そのほとんどは、海にすんでおり人目にふれないが)を客観的に見渡すと、背骨の有無は問題にならず、ホヤからヒトまでは、たった一つのグループにまとまってしまうのである。では、ホヤのどこが、われわれ人間と似ているのだろうか。

ホヤの子どもから魚が進化した

その答は、ホヤの発生に隠されていたのである。水族館でホヤの水槽の前に立っていると、家族連れがやってくる。子どもが、「これ何?」と聞くと、お父さんが、「貝の仲間だよ」とか、「イソギンチャクの仲間だよ」などと答えるのを何度も目撃したことがある。寿司屋の壁に掛かっているメニューには、ホヤ貝と書かれているのをよく見る。昔は、生物学者でさえ、ホヤを軟体動物（貝、タコ）のグループに入れていたのである。

一〇〇年ちょっと前、コワレフスキーという人が、ホヤの卵の発生を観察していたとき、それが脊椎動物に非常に近い生き物であることに気づいた。これは一目瞭然だったので、この考えは一大センセーションをもって人びとに受入れられたのである。

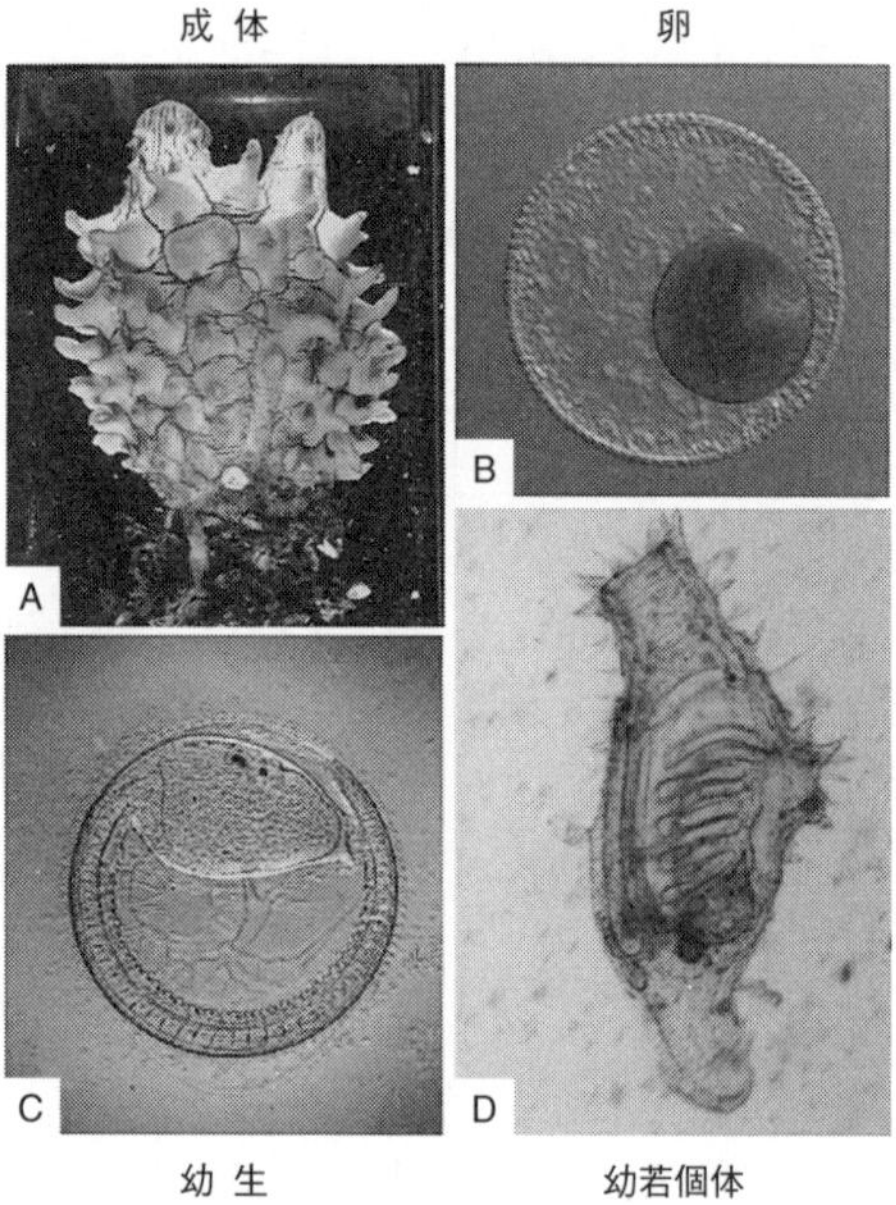

図10　マボヤの一生．A：成体．大きさは 15 cm くらい．B：卵．直径は 1 mm の 4 分の 1．卵は透明な膜に包まれている．C：孵化直前の幼生．受精後 30 時間くらいたったところ．D：幼若個体．幼生は岩に付着し 3 週間ほどで成体に近い形になる．このときの大きさは，1～2 mm.

図10の写真を見ていただこう。そこには、卵から大人になるまでのホヤの一生が写されている。マボヤの卵の直径は、一ミリメートルの四分の一である（ちなみにヒトの卵の直径は一ミリメートルの一〇分の一ほど）。受精後すぐに卵は細胞分裂を開始し、二日後にはオタマジャクシ幼生とな

る。このときの細胞数は、たった三〇〇〇個（ヒトの細胞数は六〇兆個）である。一日間、海のなかを泳いだあと、岩に付着し変態を始め、三週間ほどで大人の形をしたホヤとなるのである。このあと、食用の大きさになるのに三年かかる。

たとえば、ヒトデと魚の形は似ても似つかない。しかし、ホヤのオタマジャクシ幼生は、カエルのオタマジャクシや魚に似ていないこともない。たとえば、しっぽの両側には筋肉があり、体を左右に振って泳ぎまわる。さらに、さまざまな発生過程を比較してみると、ホヤはわれわれ脊椎動物と非常によく似ていることがわかる。一例をあげれば、ホヤの幼生の脳とヒトの脳は、よく似た仕組みでもってつくられる。今や、ホヤが脊椎動物の起原となった生物であることを疑う生物学者はいない。

不思議なことに、ホヤの成体と魚とは外見上まったく似ていない。しかし、魚はホヤのような生物の幼生から進化したと考えられる。すなわち、進化は成体の形の比較によってだけでは語れないのである。魚はホヤの子どもから進化した。これと同様の例として、それも、最大限に身近な実例がある。ヒトが、サルの大人より子どもに似ていると感じたことはないだろうか。ヒトは発育遅れの霊長類と考えられている。新しい生物種が、前の生物種の幼形から進化すること、これを生物学では「幼形成熟（ネオテニー）」とよんでいる。これは幼い形のまま大人になって性的に成熟するという意味あいを含んでいる。生物は、進化の道筋でこのような作戦をいくたびか用いてきたことがわかっている。

今度、ホヤを見たり食べたりする機会があれば、この話を思い出してみてほしい。ホヤは貝ではない。そしてわれわれに非常に近い先祖であることに、さらには、はるか進化の歴史に思いを馳せてみるのも生物学の楽しみといえるだろう。

発生にかかわる三つの要素

さて、ここで話を体づくりの問題に戻そう。ホヤは脊椎動物の原始的なものと考えられているので、ホヤの体づくりを解明することにより、脊椎動物の体づくりの仕組みに対して基本的な解答が得られるのではないかという期待が高まっている。

卵から体ができ上がるまでの過程は発生とよばれている。生物の発生というと、多くの人は原始の地球で初めて生物が出現したときのことを思い浮かべるのではないだろうか。生物学用語では、このような生物の進化のことを「系統発生」とよび、体づくりを意味する「個体発生」という概念と区別している。ここまでの話はホヤと脊椎動物の系統発生に関する話であり、これからの話は個体発生に関するものということになる。さて、卵から体ができ上がる仕組みを理解するためには、何から始めればいいだろうか。発生の仕組みが非常に複雑であることは想像するにかたくない。そこで、複雑な発生現象を三つに分けてみると頭の中が多少すっきりとする。その三つとは、細胞増殖、形づくり、細胞分化である。

細胞増殖　受精卵は、卵細胞と精子が融合した単細胞である。それに比べて、われわれの体は六〇兆、ホヤの幼生は三〇〇〇個の細胞でできている。すなわち、受精卵は細胞分裂を繰返し、多細胞でできた体をつくり上げていくのである。細胞は、一回の細胞分裂で二個の細胞に倍加する。すなわち n 回の分裂で、2の n 乗個に増殖する。六〇兆の細胞をつくり上げるための平均分裂回数は、意外に少なく五〇回程度である。手持ちの電卓で計算してみるといい。ホヤの幼生の場合は約十一回である。発生過程では、細胞が、いつ、どこで、どの方向に、どのくらいの速さで細胞分裂をして、いつ増殖をやめるかが、かなりの精度でもって制御されなければならない。分裂停止の制御機構が壊れてしまったのが、いわゆる「がん」である。私が動物の発生を初めて見たのは、大学三年生の臨海実習のときである。ウニの卵を受精させ、顕微鏡でずっと眺めていると、まん丸の卵が分裂を始め、二細胞、四細胞、八細胞となっていくのである。生命の神秘を見たような気がして、そのときの印象は今も強く残っている。

形づくり　細胞が増殖するだけでは、体は特別な形をもたないだんご状態になってしまう。古くから多くの人の興味をひき続けている問題は、どのようにして、まん丸の卵から複雑かつ整合性をもった体の形ができてくるかである。われわれの顔、手などが、いかにしてつくり上げられるか。その謎解きはおもしろい。さらに、この地球上の生物の形の多様性もわれわれの興味をひき続けてきた。マニアならずとも昆虫や花の形の多様性は、人びとを魅了し続けてきた。数えきれないほどの生物種それぞれが異なる形をしている。しかし、同じ種のなかでは皆ほぼ同じ形をしているし、もちろんその子孫も同じ形をしているに違いない。発生における形づくりは、正確にプログラムされ高度な再現性をもった過程と考えられる。

形づくりの問題は、何も外見上の形だけに限らない。われわれの体の中には、粘土の人形と違って、いろいろな器官が整然と配置されている。脳や心臓や肺の形、入り組んだ血管や筋肉や神経の配置と接続は、どの一人をとっても正確に再現されているのである。

細胞分化　細胞が増殖し、形ができる。発生を理解するためには、これだけではまだ足りない。なぜなら、これだけだと、体は細胞というブロックで組立てた人形と同じである。生物の体は、もちろん細胞という単位からできているが、その細胞にはいろいろな種類がある。筋肉細胞、神経細胞、表皮細胞、肝臓細胞…というふうに。人間の体をつくり上げるには、いったい何種類くらいの細胞が必要だろうか。これはどれくらい細かく分けるかによって異なるが、だいたい二〇〇〜五〇〇種類ということになっている。

受精卵は分裂を繰返し、細胞数を増やしていく。これらの多細胞のなかで、ある細胞は筋肉に、別の細胞は神経にというふうに、それぞれの細胞は別べつの運命をたどり始める。初期の胚（発生の初めのころの生き物の体のことを胚という。ヒトでは二カ月までを胚とよび、それ以降を胎児という）を構成する何の特徴もなかった細胞が、それぞれ特別な機能をもった（筋肉や神経などの）細胞へと変化していく過程を細胞の「分化」とよんでいる。また、特徴のない胚細胞がどのタイプの細胞に分化するかが決定される過程を、「発生運命の決定」とよんでいる。この二つの用語は、この本全体を通しての重要なキーワードである。

さて、この本では、これら三つの問題をすべて扱っているのではなく、上にあげた問題のうち、特に二番目と三番目の問題を中心に取上げていることになる。この章では、ホヤを例に取上げ、発生運命の決定の仕組みを中心に、これからの話を進めていこうと思う。

ホヤで発生の研究をすることのメリット

地球上には数えきれないほどの種類の生物がいる。われわれ研究者は、ただやみくもに特定の生物種を選んで研究しているわけではない。特にホヤなんぞを研究していると、何でよりによってそんな変な生き物を研究しているのかをよく聞かれることになる。しかし、ホヤを研究材料にしているのには、それなりの理由があってのことである。ホヤは発生研究の材料として多くのメリットをもっており、それゆえホヤは発生研究の分野で古くから使われており、由緒正しい生き物なのである。先ほど述べたように、コワレフスキーの論文により、ホヤの進化系統樹における位置が解明され生物学者にインパクトを与えたのち、ホヤの発生の研究が開始された。発生中の胚に細胞破壊などの実験操作が行われた世界最初の動物がホヤであることを知る人は少ない。これは、フランスの研究者によって一〇〇年以上も前に行われ、論文が出版されている。

ホヤの発生を研究する第一の理由は、すでに述べたように脊椎動物の起原となる生物であることがあげられる。二番目の理由は、発生が単純であるということである。複雑な発生現象を解明するためには、まず単純な生物の研究から始めることも一つの手だ。複雑さを排し、基本原理を究明で

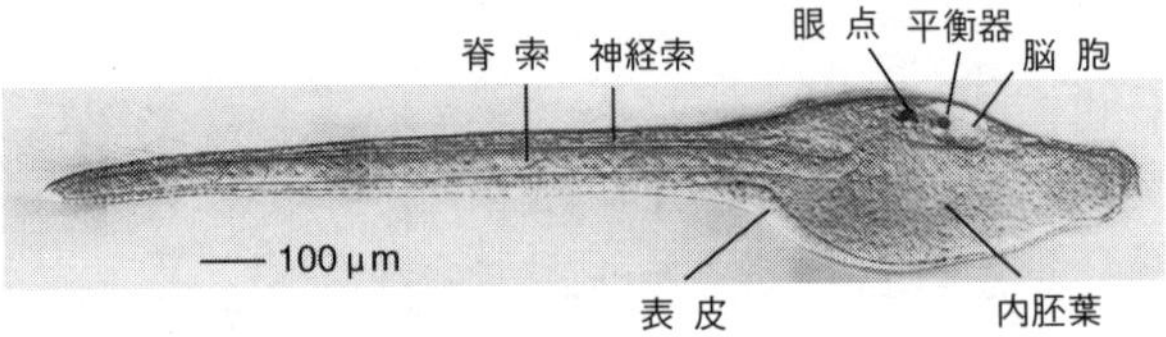

図11　孵化後のオタマジャクシ幼生．受精後約35時間．発生の早いホヤの種類では，受精後10時間くらいでオタマジャクシになるものもいる．全長約1.5 mm．平衡器は重力の，眼点は光の受容器官である．この図では見えないが，尾の両側には筋肉がある．口はなく，幼生は餌を食べないで変態に至る．変態後，内胚葉から，鰓と消化器官ができる．

きるかもしれない。

ホヤの幼生の単純さ

ホヤの幼生は、脊椎動物の体の基本形を示している。ただし、それはわれわれの体と比べると非常に単純であって、まさに基本的かつ必要最小限というイメージを具現しているといえよう。図11に孵化後のオタマジャクシ幼生を示してある。全長約一・五ミリメートル、細胞数三〇〇〇である。

前方に頭があり、後方に尾があり、尾の両側には筋肉があってしっぽを左右に振って泳ぐ。脳と中枢神経は、体の背側に存在している。尾の筋肉は、たった四十二個の細胞でできている。どの一匹をとって数えてみても、すべて正確に四十二個の筋肉細胞しかないのである。神経細胞は、たかだか一〇〇個足らずだと見積もられている。しかし、これでも光を感じ、重力の方向を感じ、水圧を感じ取り、泳ぐ方向を調節できるのである。たいしたものである。また、表皮は八〇〇個の細胞から成っている。

ホヤ幼生の中央部分を脊索というものが貫いている。これは、きっちり四〇個の細胞でできている。この脊索が、ホヤからヒトまでを含む脊索動物という分類群の名前の由来である。脊索動物以外は、脊索をもたず、脊索動物に属する動物すべてが脊索をもっている。すなわち、脊索は脊索動物を特徴づける重要な構造である。そのわりには脊索という器官の名を聞いたことがないという人がほとんどだろう。なぜならわれわれの体には脊索は存在しない。ただしわれわれも母体内で胚として存在しているときには、ちゃんと体の中央に脊索をもっている。ホヤもまた変態とともに脊索を失うが、下等な魚類とされるヤツメウナギなどでは、一生脊索が維持される。脊索は、骨をもたないホヤや、まだ骨をつくっていない発生途中の脊椎動物の胚において体を支える支持構造の役割を果たしている。

図11からもわかるように、幼生のおもな組織としては、表皮、神経系、脊索、筋肉、間充織、内胚葉しかない。内胚葉というのは、幼生の時期にはまだ分化しておらず、将来変態をしたあとで、鰓（えら）と消化器官をつくり出す細胞のことである（すなわち幼生は餌をとらない）。このような単純さがホヤを研究する利点の一つである。これらの限られた組織の分化を研究するだけで、一匹の幼生ができ上がるまでの仕組みの全体像を浮かび上がらせることができるかもしれないのである。

さて、どのようにしてこの幼生ができ上がってくるのかのイメージをおおざっぱにつかんでもらうために、いくつかの特徴的な発生時期の写真を図12に示しておこう。

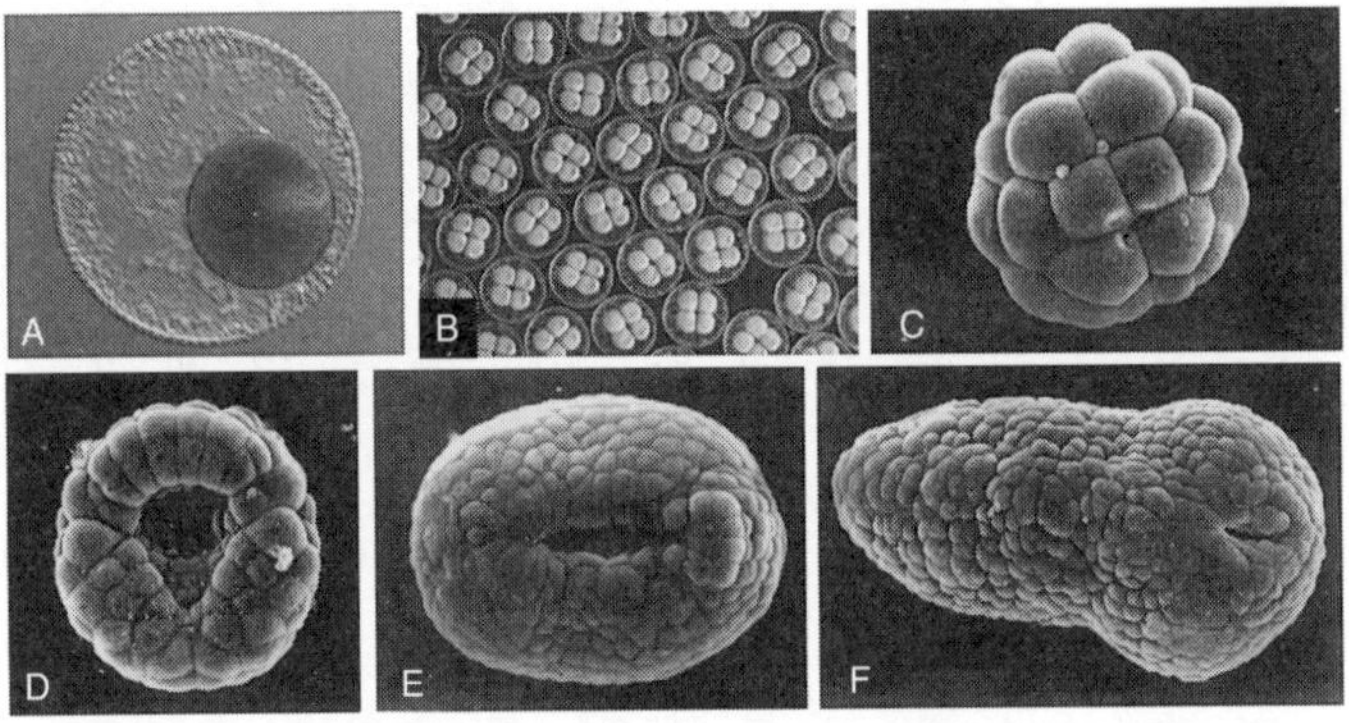

図12　マボヤの発生．A：卵．B：2回目の分裂が終了した後，すなわち4細胞期（受精後3時間）．たくさんの胚が写っている．C：32細胞期の電子顕微鏡像（6時間）．D：原腸胚とよばれる時期（11時間）．体の中身をつくるべき細胞が，胚の中に向かって落ち込んでいっている．E：神経胚とよばれる時期（14時間）．胚は中枢神経系（脳と脊髄）を体内に取込んでいる．F：やがて，頭としっぽができオタマジャクシの形となる（18時間後）．ゴツゴツしている一つずつが細胞である．

発生にかかわる細胞の少なさ

幼生の細胞数の少なさから見てもわかるように、ホヤの発生は、一貫して少数の細胞で行われている。発生の重要な現象として、原腸陥入（げんちょうかんにゅう）というのがある（図12D）。単なる細胞のかたまりだった胚が、形づくりを始める最初の兆しである。この時期の細胞数をいろいろな動物で比べてみよう。ホヤでは約一〇〇細胞なのに対して、ウニでは一〇〇〇細胞、カエルでは一万細胞、ハエでは六〇〇〇細胞である。このようなことからもわかるように、ほかの動物と違い、ホヤの発生は人間がいちいち数えられる細胞数の範囲内で進行する。

　ホヤの胚の細胞数の少なさを別のいい方で表現してみよう。それは、細胞の分裂回数である。卵の第一分裂から数え始めて、幼生ができるまでに、だいたい九〜十二回の細胞分裂しか起こらない。たとえば、ほとんどの筋肉細胞は、卵から数えて九回の分裂を経てでき上がる。総細胞数は四十二個である。脊索に関しても、九回の分裂を経て正確に四〇個の脊索細胞がつくられることがわかっている。このように、ホヤの発生は、研究者が詳細に記述しようと思えばできる範囲の複雑さのなかに収まっているのである。これは、ホヤの発生を解明しようとするときの大いなる利点となる。

ホヤの発生はとても詳しくわかっている

では、ホヤの発生を詳細に記述しようとした人がいるのかといえば、これがいるのである。それも一〇〇年近くも前に。一九〇五年、アメリカの東海岸にあるウッズホール臨海実験所にコンクリンという人がいて、ホヤ発生の詳細な観察を記録した一〇〇ページ余りに及ぶ論文を発表している。京都大学の動物学教室の図書館には、この論文の原版が、今でも書架の一画に人知れず置かれている。私も以前ウッズホールを訪れたことがあるが、この研究所は、現在でも海洋生物学のメッカとして世界に名を馳せている。私は、このコンクリンの写真をもっていて、研究室の机の上に置いている。そこに写っている彼の姿は、古めかしい帽子をかぶり、口ひげを生やし、開拓時代を彷彿とさせるものがある。研究者時代に彼がつくった顕微鏡用の永久プレパラートがこの世のどこかに存在しているという噂を聞いたことがあり、私はそれが欲しくて仕方ないのであるが、まだ手に入れ

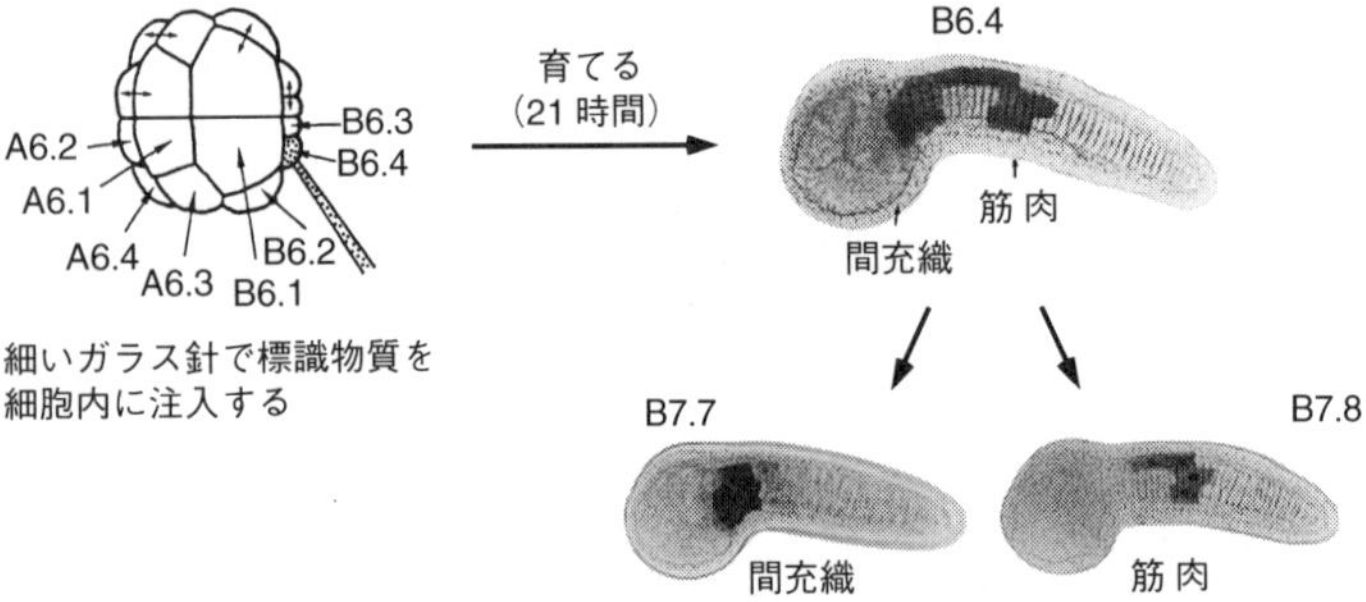

図 13　発生運命の追跡方法．卵が何回か分裂した後，1 個の細胞内に標識物質を顕微鏡をのぞきながら注入する．その後，発生を続けさせ，オタマジャクシの形になったところで，標識された細胞から，体のどの部分ができたかを検出する．この図では，B6.4 という番号の細胞から間充織と筋肉ができるということがわかる．B6.4 細胞は次の分裂で B7.7 と B7.8 細胞に分裂するが，それぞれを別べつに標識すると，B7.7 からは間充織のみが，B7.8 からは筋肉のみができることがわかる．よって，B7.7 と B7.8 の運命は単一の組織のみをつくるように限定されたということができる．

ずに終わっている。ちなみに、現在の米国の発生学会賞は、彼の栄誉をたたえてコンクリン賞と名づけられている。

　彼は、ホヤの卵がどのように分裂していき、そして分裂によりできたそれぞれの細胞が、最終的に幼生のどの組織の細胞になるかを根気よく観察し、詳細に論文に記した。彼が使った種類のホヤの卵は、その直径が一ミリメートルの八分の一しかない。一〇〇年近く前の当時の顕微鏡の質を考えると、この偉業がどのようにして成し遂げられたかは知るよしもない。彼の根気強さだけに感心してはいられない。なぜなら、現在の高性能の顕微鏡を用いて彼と同じことを観察しろといわれても、ほとんどの研究者にはできない技であることを私は確信している。彼のずば抜けた観察眼と洞察力

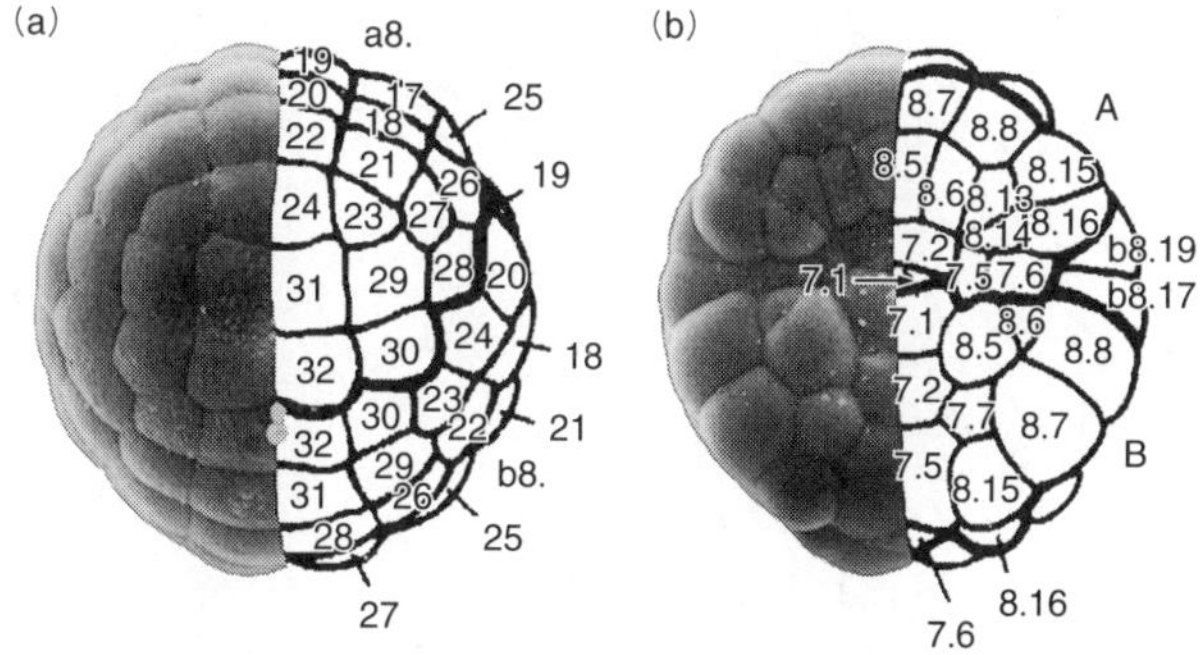

図14　110細胞期の胚を上から見た図（a）と下から見た図（b）．胚は左右対称で，図の上方が将来の前，下が後ろになる．ホヤの初期胚では，一つ一つの細胞が識別でき，それぞれの細胞に番号がつけられている．おのおのの左半分には，電子顕微鏡の写真を，右半分には各細胞の番号を示してある．たとえば，（a）の図の一番前の細胞は，a8.19と名づけられている．

のなせる技なのである。

私の大学院生時代のテーマの一つは、コンクリンの論文の内容を、最新の方法でもって再チェックすることであった。最新の方法とは次のようなものである。何回か細胞分裂を経たあとの胚の中の一つの細胞に、ものすごく細いガラス管（先端の直径一〜数ミクロン、一ミクロンは百万分の一メートル。10^{-6}m）を突き刺して、標識となる物質を細胞内に注入する（図13）。注入量はピコリットル（ピコ：一兆分の一。10^{-12}）の世界だ。このようにして、発生初期の胚の細胞（割球（かっきゅう）という）を一つだけマークしたあと、胚をさらにオタマジャクシまで発生させて、マークした細胞が、幼生のどの部分のいくつの何の組織細胞になったかを調べる。このようにして初期の胚の割球の発生運命を一つずつ調べあげていったのである。最終的には、卵が分裂して一一〇個の細胞でできているとき（一一〇細胞期胚：図14）のすべての細胞の発生運命を詳細に追跡することができた。この研究は、非常に細かい作業を必要としたことと、結果をとにかく詳細に記述する必要があったので、結局私はこの実験に四年の歳月を費やした。しかし、その甲斐あってか、この研究は多くの人に感嘆をもって迎えられた。

細胞の家系図

図15にその研究の結果がまとめて示されている。このような図は、細胞系譜図とよばれ、家系図に似た形となっている。祖先は受精卵で、子孫は幼生の分化した細胞である。受精卵を起点として、細胞が分裂する様子をたどっていくと、時間とともにどんどん二股に分かれていく家系図のようなものが書ける。ただし、本当の家系図との違いは、親が一人で子は必ず二人だということである。すなわち、この家系図は単純な末広がりの樹形図となる。さらに細胞系譜図の各枝の末端には、その細胞がどんな種類の細胞になったかが書き込まれている。この図を見れば、たとえば筋肉がどこからどのような経過をたどってきたのかがわかるようになっている。ただし、図15では、発生運命が一つの組織に定まった後の細胞分裂は、図を簡単にするためにわざと省略してある。

さて、一世紀前のコンクリンの報告は、どのくらい正しかったのだろうか。実にほとんど正しかったのである。一〇〇点満点でいえば、九〇点くらいである。私の功績はといえば、後の一〇点分の間違いを正したことと、さらに細かく、いろいろなことを記述したことである。私は、今もって彼が当時の状況下においてそこまで正確な観察をなしえたことを不思議に思っている。このような事情により、私はコンクリンに非常な愛着をもっている。私は、よく研究のために青森県にある東北大学の臨海実験所にお世話になっている。その近くの下北半島には恐山（おそれざん）という霊所があり、そこでは、「いたこ」とよばれている巫女さんが先祖の霊を呼び出してくれて、巫女さんを通して会話ができるといわれている。いつかぜひ、恐山でコンクリンの霊を呼び出してもらって、ホヤの細胞系譜についてともに語り合い、ホヤの研究の最近の飛躍的進歩について教えてあげ、コンクリンをびっくりさせてあげたいと思っている（コンクリンの霊は英語でしゃべるのだろうか、はたまた日本語でしゃべるのだろうか）。

発生の一定性

話が脇道に流れてしまった。細胞系譜について、もう少し話を続けよう。図15は二つの重要なことを物語っている。そのことを、この節と次の節で述べてみよう。ホヤの発生についてこのような図が書けるということは、明らかに一つの事実を言外に意味している。それは、細胞系譜が、どの一匹をとっても同じであるということである。図15は、ホヤ（日本産マボヤ）一般についての図であって、特定の一匹を調べた結果の図ではない。図14をもう一度見てもらおう。これは一一〇細胞期の図であるが、一つ一つの細胞に番号が付されている。ということは、どの一匹をとっても、細胞分裂進行のパターンはまったく同じで、一一〇細胞期になると必ず各細胞は胚のな

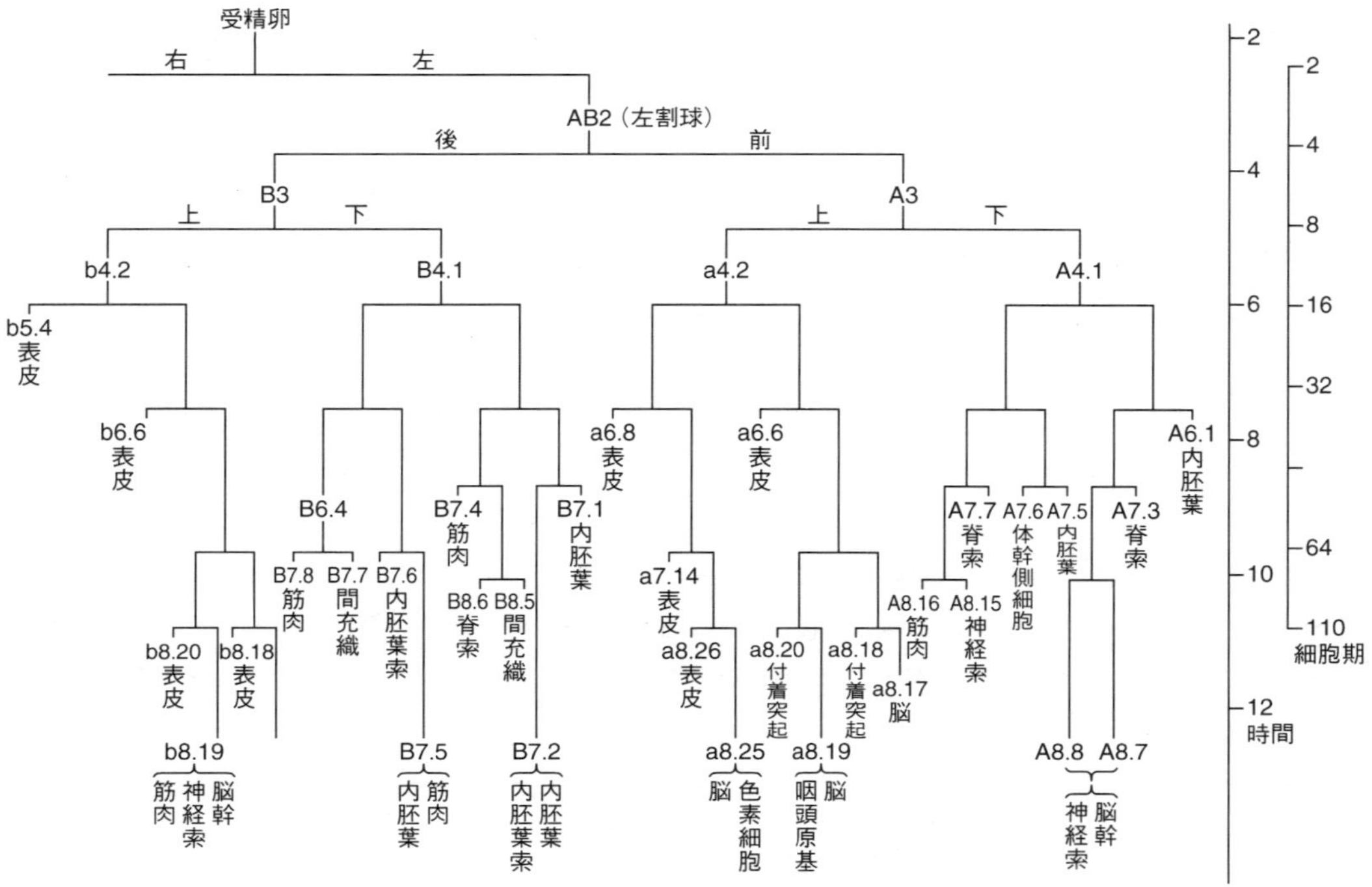
受精卵
右
左
AB2（左割球）
後
前
B3
A3
上
下
上
下
b4.2
B4.1
a4.2
A4.1
b5.4
表皮
b6.6
表皮
B6.4
B7.4
筋肉
B7.1
内胚葉
a6.8
表皮
a6.6
表皮
A6.1
内胚葉
A7.7
脊索
A7.6
体幹側細胞
A7.5
内胚葉
A7.3
脊索
B7.8
筋肉
B7.7
間充織
B7.6
内胚葉索
B8.6
脊索
B8.5
間充織
a7.14
表皮
A8.16
筋肉
A8.15
神経索
b8.20
表皮
b8.18
表皮
a8.26
表皮
a8.20
付着突起
a8.18
付着突起
a8.17
脳
b8.19
筋肉
神経索
脳幹
B7.5
内胚葉
筋肉
B7.2
内胚葉索
内胚葉
a8.25
脳
色素細胞
a8.19
咽頭原基
脳
A8.8
A8.7
神経索
脳幹
2
4
6
8
10
12
時間
2
4
8
16
32
64
110
細胞期

図 15 （説明は次ページ）

かでこの配置をとるのである。すなわち、一個一個の細胞は顕微鏡下で同定可能で、おのおのの細胞にコンクリンによる番号がシステマティックに付されている。図15と突き合わせると、たとえば a8・17という細胞は、脳になる細胞であることがわかる。

発生初期の細胞分裂パターンだけでなく、それぞれの細胞の発生運命も著しい一定性を示す。同じ細胞にマークをつけると、何度やっても同じ結果になる。その実例を図16に示してみた。基本的に、どの一匹をとってもある細胞の子孫は、同じ場所の同じ組織の同じ個数の細胞をつくり出す。同様のことは、*C. elegans* という線虫の発生でも観察されている。*C. elegans* とは、最近脚光を浴びている実験用動物であり、この動物については多くの知識が集積し始めている。たとえば、一九九八年には、全DNAの配列の決定が完了した。ホヤの細胞系譜は卵から幼生までしか調べられていないが、この線虫では生涯にわたって(ただし、*C. elegans* の成体はたったの一〇〇〇細胞ほどでできている)細胞系譜が調べられている。全生涯の細胞分裂が調べ尽くされているのは、現在のところ *C. elegans* だけである。この動物でも、細胞系譜はどの一匹をとってもまったく同じであることがわかっている。

読者は、これらの動物の発生にあまりにも個体差がないのに驚かれるかもしれ

図15 (前ページ) ホヤの発生における細胞系譜.いちばん上に受精卵が位置し,分裂するたびに図は二股に分かれていく.下にいくほど,発生が進行したことになる.発生は左右対称に進行するので,左半分についてのみ示した.この図では,細胞の発生運命が単一の組織に定まった後の細胞分裂は省略してある.図13に出てきたB7.7とB7.8を見つけだせるだろうか.試してみてほしい.

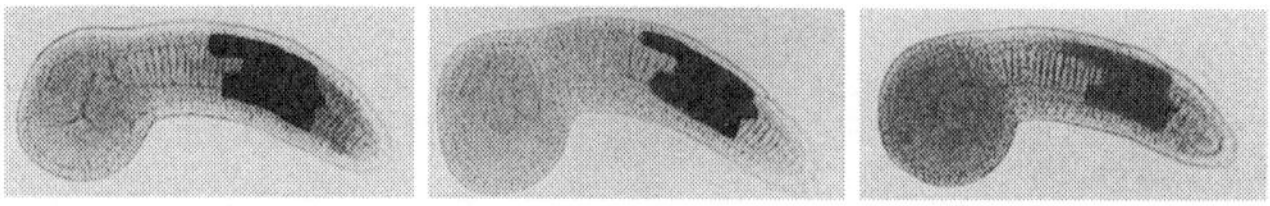

図16　発生運命には個体差がない．いくつかの胚を用い同じ番号（B7.4）の細胞を標識して発生させると，その細胞の子孫が必ず同じ部分をつくるということがわかる．

ない。一匹一匹に個性がないのかと問われれば、答はイエスということになる。ただし、細胞系譜の一定性が動物発生の共通原則かといえば、それは違う。多くの無脊椎動物の発生がホヤや線虫のような性質を示すのに対し、脊椎動物の細胞系譜はかなりいいかげんになっているらしい。特にわれわれヒトを含む哺乳類では、初期の胚の細胞の運命はまったく予測できない。実際に何が起こっているかというと、初期の細胞にマークをつけて追跡すると、その子孫は体中にばらばらに、そしてランダムに散らばってしまうことがわかっている。ホヤや線虫の体は、没個性的な方法によってつくり上げられるのに対し、われわれの体づくりはそのような方策をとっていない。この違いは、もっぱら体づくりにかかわる細胞の数の違いを反映しているのかもしれない。

細胞の運命は徐々に限定されていく

卵はもちろん体全体をつくる運命にある。卵が一回細胞分裂すると二つの細胞ができる。ホヤでは、このうち一つの細胞が体の左半分を、もう一つの細胞が体の右半分をつくることになる。さらに細胞分裂が起こるに従って、各細胞の発生運命は細分化され、徐々に特定の組織のみをつくるという運命に限定されていく。その様子は、図15を見てもらうとわかるだろう。では、最終的にいつごろになると発生運命が一つの組織タイプに限定されるのだろうか。ホヤでは、一一〇細胞期になると、ほとんどの細胞の運命が一つの組織に限定されていることが図15から読取れるだろう。ホヤでは、発生運命の限定が他の動物と比べて非常に早い時期に起こるのである。

一〇〇個くらいの細胞なら、その空間的配置やそれぞれの細胞の運命を頭で覚えることができる。さらに、顕微鏡でのぞきながら、胚から細胞を一個ずつはずしてきたり、再びくっつけたり、さらに一個一個の細胞の中に物質や遺伝子を注入することも可能だ。このことが、ホヤを使って発生運命の決定機構を研究することの最大の利点といっても過言ではないだろう。ほとんどの脊椎動物では、発生運命の限定が起こる時期には細胞数が数千から数万になっている。さらに、どの細胞がどの組織になるかは予測がつかないときている。このような状況下での研究には困難がつきまとうことは、誰しも想像にかたくないだろう。

発生運命の配置図

たとえば、発生運命が筋肉だけに限定されたときの細胞を始原筋肉細胞とよびならわしている。図15のなかでB7・4などがそれにあたる。では、幼生のなかの全筋肉細胞は、たった一つの始原筋肉細胞が何回も分裂することによってつくり出されているのだろうか。それとも、いくつかの始原筋肉細胞が寄り集まってつくり出すのだろうか。図15を見ると正解は後者であることがわかる。

(a)　　　　(b)

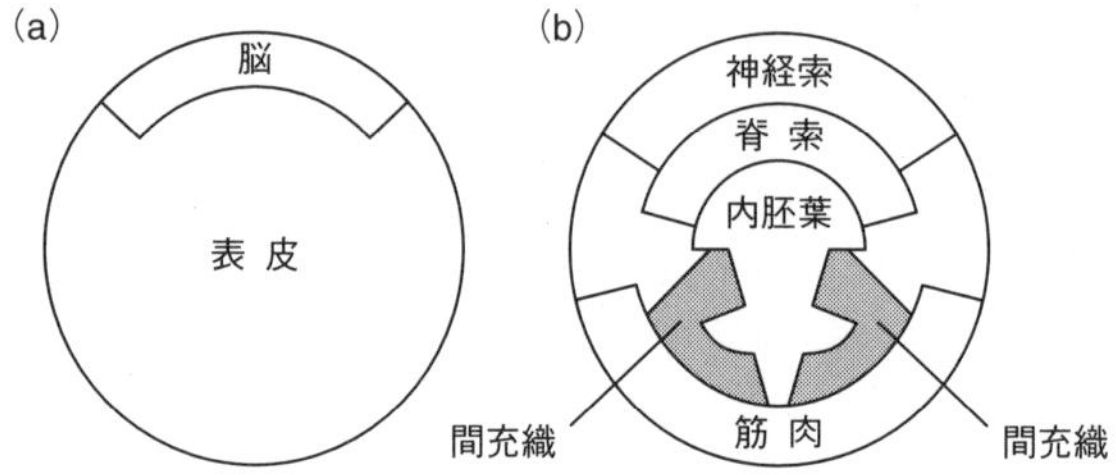

図17　図14の時期に対応した発生運命の配置図．胚の上半分（a）と下半分（b）に分けて示されている．（b）の図の側方部分は多少複雑であるため省略してある．陰をつけたところは間充織．

系譜上のいろいろな場所に始原筋肉細胞が散在して現れるのがわかるだろう。他の組織についても調べてみると、やはり同じようになっているのが見てとれる。つまり、ホヤのような単純な発生をする動物においても細胞系譜は複雑な様相を示す。これは、他の動物や私たち哺乳類についても同じであることがわかっている。

しかし、ここには重要な盲点が隠されている。図15には、胚の空間的情報がまったく含まれていないのである。そこで、細胞系譜を特定の時期の胚のスケッチの上に投影してみる。そのようにしたのが、図17である。これは、図14に示されている一一〇細胞期胚の上に、各組織をつくり出す領域を投影し図示したものだ。細胞系譜図と比べるとこちらのほうがはるかにシンプルである。同じ種類の組織は一連のつながった領域から形成されてくることが一目瞭然となっている。この図は、発生運命の配置図（正式には、予定原基配置図）とよばれるものである。おもしろいことに、図17に対応する発生ステージの発生運命配置図をいろいろな動物、すなわち、ホヤ、もう一つの原始的な脊索動物であるナメクジウオ（頭索類）、原始的な魚であるヤツメウナギ（円口類）、そしてカエルやイモリ（両生類）の間で比較してみると、それらは驚くほど似ていることがわかっている。やはり、ホヤは脊椎動物の原型なのである。

発生運命決定の仕組み

卵が分裂してできたそれぞれの細胞が、そのうち異なった運命を歩み始めるのは、いかなる仕組みによるのだろうか。ここまで読んでこられた読者は、この仕組みに興味を抱き始められたことと思う。これはまた、動物がすべからく卵からできてくることが発見されて以来、多くの発生学者にとっての大命題でもあった。発生運命決定の仕組みには、実はいくつかの種類がある。すべての細胞の運命がたった一つの仕組みによって制御されているわけではない。もちろんホヤにおいてもである。ただ、この章でそのすべてを披露できるわけではない。そんなことをすると、発生学の専門の教科書になってしまうし、読者にとっては退屈きわまりないものになるだろう。ここでは、発生運命の決定の仕組みの一つに的を絞って、平易にかつできればおもしろく語ってみたいと思う。ただ、この仕組みのみで、すべてが説明できるというふうには思わないようにしてもらいたい。

ほとんどの動物の卵はまん丸である。前章で語られたハエを含む昆虫の卵は、実際には例外的なケースといってよい。ホヤもヒトも卵はまん丸である。しかし、発生が始まると胚はみるみる複雑さを増していく。再現性よく複雑さを増すには、情報がいる。その情報はどこからくるのかといえば、遺伝子すなわちＤＮＡからである…というようなことがときどき断定的に書かれているのを見受けることがある。わかりやすくて、説得力がある。しかし、これをうのみにしてしまっていいのだろうか。

このような書き方だと、卵の中で発生に必要な情報源は核（DNA）だけであって、それ以外の部分（卵の細胞質）は重要でないように思える。はたして、卵の細胞質はただ核からの情報を読取り実行するだけの働きしかもっていないのだろうか。最近クローンヒツジの話が話題になった。簡単にいえば、大人のヒツジの細胞の核をとってきて、あらかじめ核を取除いておいたヒツジの卵に注入し育てたら、ちゃんとしたヒツジが育ってきたという話である。なぜ、クローンをつくるのにこのような七面倒くさいことをしなければならないのか。大人の細胞を採ってきて培養液の中でどんどん増殖させるだけで再び体をつくり出せるのなら、もっと簡単なはずである。実は、動物のクローンづくりは、古く（一九五〇年代）から可能になっていたが、今回は実験動物がヒツジというような哺乳類だったのでこのような騒ぎになった。しかし発生学者は、私が生まれるより以前から、動物の体づくりは必ず卵から始めなければいけないことを知っていたのである。発生途中や発生し終わった体から採ってきた細胞は、いくら培養しても細胞数が増えるだけで体にはならない。発生には、卵の細胞質が必須であるらしいことがわかる。

実はどんな動物の卵にも、もとから上と下（動物極と植物極とよばれている）がある。卵はまん丸に見えるが、実は中身は均一ではないのである。この卵の上と下は、受精後に起こる発生過程に確実に影響を与える（ただし、哺乳類の卵だけは特別らしくて、卵の上下の違いが発生に影響し

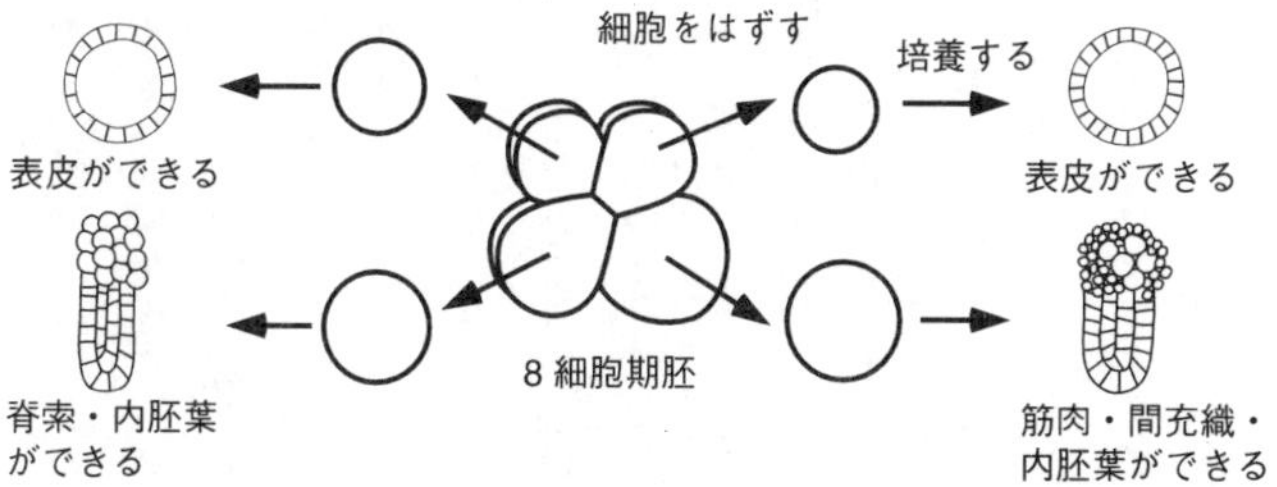

図18　8細胞期の胚の細胞をばらばらにして育てる実験．中央の図は8細胞期の胚の側面図．図の左が胚の前で右が後．たとえば，後下の細胞をはずして育てると，筋肉，間充織，内胚葉ができる．

ていない可能性が非常に高いと考えられている)。

ホヤの細胞は勝手に分化する

ここで、再び話をホヤに戻そう。今から五〇年ほど前に、イタリアのナポリにいたレベルベリとミンガンティたちは、ホヤの卵が三回分裂し終わったとき、すなわち八細胞期に一個一個の細胞をばらばらにして育てる実験を行った（図18）。ばらばらにはずされたにもかかわらず、それぞれの細胞はコンクリンがすでに明らかにしていた発生運命どおりの組織を基本的に分化した。この実験は、非常に有名になり多くの発生学の教科書に載っている。この実験の結果は何を意味しているのだろうか。

ふつうの発生では、卵が分裂してできてくる細胞たちは、互いに決してはずれることなく、ひとかたまりとなって体をつくる。彼らの実験では、人為的に細胞がばらばらにされたが、それでも細胞は元からつくる予定だった体の一部分ずつをそれぞれつくり上げたことになる。細胞たちは一体となって発生する必要がないらしい。すなわち、互いの間のやりとりや、調整などをしないでもそれぞれが勝手に予定どおり運命を遂行できるのである。これはホヤの著しい特徴であり、他の多くの動物では程度の差はあるが事情が異なる。ホヤの胚の細胞で観察されたように、細胞が自分勝手に運命を遂行できる現象のことを「自律分化」とよんでいる。

さて、図18にあるように八細胞期胚からはずしてきた細胞からそれぞれ異なった組織が分化してくる。すなわち、八細胞期胚を構成している各細胞は、それぞれすでに互いに異なっていたのである。この差、割球ごとの違いは何に起因するのだろうか。ばらばらにされた細胞の外には単なる海水があるのみだ。外からの影響は考えられない。すなわち、違いは細胞自身の中身の違いによっていると考えるしかない。これらの細胞には、すべてのDNAがちゃんと受継がれているはずなので、違いはそれぞれの細胞の細胞質中にあるはずである。さらに推測を推し進めると、これら八個の細胞は、元をたどれば卵の異なる部分にあった細胞質を受継いでいるはずだ。とすると、卵の異なる部分（たとえば上半分と下半分）には、性質の異なる細胞質があったのではないかということになる。卵の細胞質には、発生が始まる前から、不均一さがあり、何かの空間的情報をすでに内蔵しているらしいと考えられた。

図18を見ると、胚の上半分に位置する細胞からは表皮が、下半分に位置する細胞からは内胚葉が、さらに図の右下に位置する細胞だけから筋肉が自律的に分化することがわかる。これらの細胞には、表皮決定因子、内胚葉決定因子、筋肉決定因子が含まれているかもしれない。八細胞期の細胞の位置に対応して、卵の細胞質の中にそれぞれの組織決定因子が偏って存在しており、それらは

細胞分裂が始まると特定の細胞のみに受継がれ、それを受継いだ細胞の発生運命を決定するという可能性がある。このような仮想的物質のことを「卵細胞質内決定因子」とよんでいる。本書の1章では、ハエの生殖細胞決定因子が卵の後ろに偏っていることが語られている。ホヤでは、それがさらに一般化されて、いろいろな組織をつくるための卵細胞質内決定因子が存在しているらしい。

卵細胞質内決定因子の存在を証明する

ホヤの卵の細胞質の中に各組織を決定する何かが偏って存在しているかもしれない、ということが最初に提唱されたのは、一九〇五年、コンクリンまでさかのぼる。彼が観察した種のホヤの卵には色素顆粒があって、細胞質に色がついている。そのなかでも黄色い色をした細胞質は、卵のときすでに将来筋肉ができてくる部分に偏っており、分裂により筋肉をつくるべき細胞に受継がれた末、最終的にはオタマジャクシ幼生のしっぽの筋肉が黄色く見えるのである。これは、確かに卵の中身が不均一で、特定の組織にのみ受継がれていく実例が存在することを示している。黄色く見える細胞質中に筋肉決定因子があるのではないかというのが彼の洞察である。ちなみに、黄色い色素だけでなく、ミトコンドリアも卵の中で将来筋肉をつくる部分に偏っていることが知られている。将来、幼生になったときにしっぽを振って泳ぐためには、筋肉で多量のエネルギーを生産する必要がある。エネルギー産生工場ともいえるミトコンドリアが、筋肉に多量に分配されるとは、何ともうまくできているものだ。ただし、ここに述べた色素やミトコンドリアそのものは筋肉決定因子ではないことが、すでにわかっている。

コンクリンの観察も、レベルベリたちの細胞をはずす実験も、卵細胞質内決定因子の存在を示唆してはいるが、実証しているわけではない。ホヤでは一〇〇年近くもの間、決定因子が存在するといわれ続けてきたものの、本当にそんなものがあるのかどうかは、誰も確信できない状態が続いていた。私は、どうしてもこの問題に決着をつけたいと考え、実験に取組むことにした。今から十年ほど前のことである。当時、神戸大学教養部の助手をしていた私は、一人でこつこつと実験技術の開発を始めた。決定因子の存在を証明するためにはどうしたらいいのか。理屈は、簡単である。たとえば、筋肉決定因子の存在を証明したい場合、筋肉に決してならないはずの細胞の中に、筋肉決定因子を含むと考えられる細胞質を移植し、その細胞から筋肉ができてくればいい。言うはやすし、行うはかたしの典型的な例だ。なにせ、相手はミクロン単位で測る大きさしかない。顕微鏡でないと見えないのである。卵全体の直径でも一ミリメートルの四分の一しかない。しかし、私は、それまでの実験経験において、顕微鏡下での微細手術に熟達しているという自信があった。オレがしないで誰がするという意気込みもあった。

そして、とうとう細胞質を移植する方法を開発できたのである。その方法を示した簡単なイラストが図19だ。卵の一部分を非常に細いガラスの針を使って切取ってくる。ここにはDNAの入った核は含まれていない。次に八細胞期胚から、表皮だけになる細胞を一つはずしてきて、この二つをある薬を用いて顕微鏡下で一つずつはり合わせる。次にバシッと一秒の一〇万分の一の間、一〇〇〇ボルトの電気パルスを与えると、この二つはくっついて一つの細胞になってしまう。そして、この細胞を大事に発生させるのである。この方法を使って、卵のいろいろな部分から細胞質を取ってきて表皮細胞に導入したとき、筋肉ができるかどうかを調べることにより、筋肉決定因子の存在を証明し、なおかつその分布を調査することができる。

まず初めに、卵ではなく筋肉になるはずの細胞から細胞質を採ってきて、表皮割球に移植してみた。すると、本来ならできないはずの筋肉が見事にできてきた。表皮割球の細胞質を表皮割球に移植しても表皮しかできない。これを見たとき、私は実験室で一人で喜びをかみしめた。実験成功！あとは、この方法を使って、いろいろなことを系統的に調べ尽くせば、古くからの問題に完全な解決が与えられることがほぼ予想された。

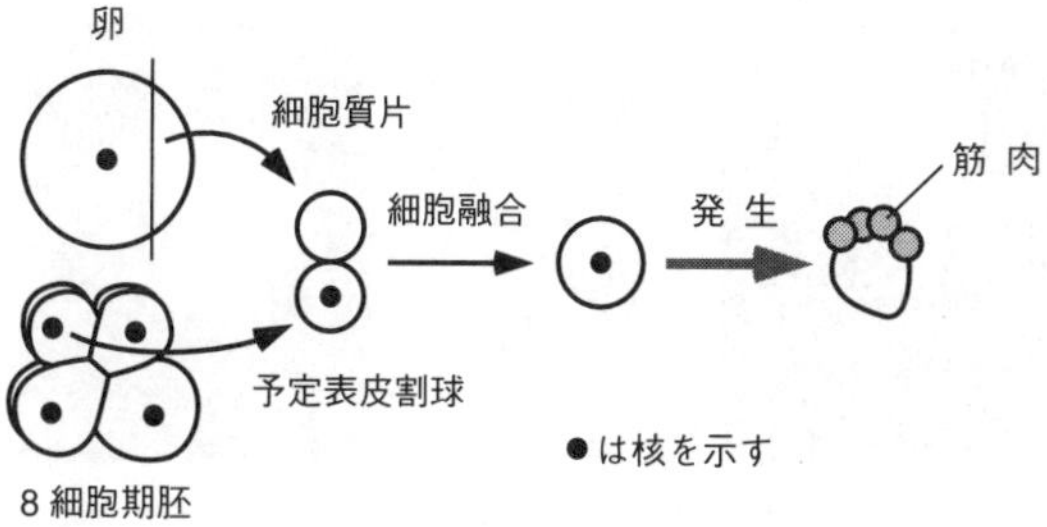

図 19　卵細胞質中での筋肉決定因子の存在と分布を調べる実験．卵のさまざまな部分から細胞質片を切取ってくる．これを，8 細胞期からはずしてきた表皮にしかならない（筋肉は決してつくらない）細胞と融合することによって，卵の細胞質を予定表皮細胞に移植する．これを発生させたとき，本来ならできないはずの筋肉ができてくるかを調べる．筋肉ができた場合，移植した卵細胞質の中に筋肉決定因子が含まれていたことがわかる．同じような実験を，表皮と内胚葉についても行った結果が，図 21 にまとめられている．

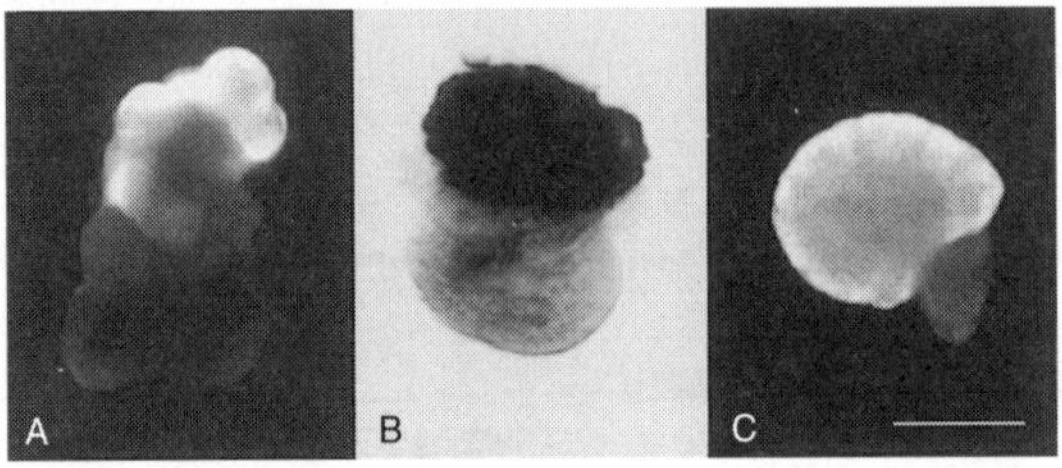

図 20　細胞質移植実験の結果．A：筋肉決定因子を含む細胞質の移植により，筋肉細胞（この図では実験処理により光って見える）ができている様子．B：内胚葉決定因子の移植により内胚葉（黒く見える）ができた．C：表皮決定因子の移植により表皮（光って見える）ができた．白い線は，1 mm の 20 分の 1 の長さを示している．

卵の中で決定因子は偏って存在している

　私は、次つぎと筋肉、表皮、内胚葉の決定因子の存在を証明し、その分布を明らかにしていった。実験結果の実物の写真を図20に示しておく。すべての結果を簡単にまとめたイラストが、図21である。三種類の組織の卵細胞質内決定因子の分布を受精から八細胞期にかけて図示してある。図からわかるように、受精してから第一回目の細胞分裂が開始するまでに、それぞれの決定因子は卵の中を移動する。この細胞質の移動は、やはりコンクリンの時代からわかっていて、彼の見た黄色い色素の動きは図21の中段に示されている筋肉決定因子の動きとぴったり一致している。第一回目の分裂が始まる前に、それぞれの決定因子は将来その組織がつくり出されるべき部分に移動している。それから、細胞分裂が始まり、それぞれの組織をつくり出す前駆細胞に分配されていくのである。今では、ホヤの卵の細胞質には、組織のタイプを決める決定因子だけでなく、胚の変形（形づくり）にかかわる因子や、細胞分裂のパターンを決定する因子も存在していることがわかっている。今のところ、卵細胞質内決定因子の分布がここまで詳細に解明されているのは、ホヤとショウジョウバエのみといってもいい現状なので、ホヤの研究はこの分野をリードしているといえる。

今、私は、十五人の学生をかかえる研究室の助教授となっている。研究室では、これらの決定因子がどんな物質でできているかの研究が、最新の生物学的手法を用いながら進行中である。一〇〇年前から連綿と続いてきた疑問に新たな解答が与えられる日も近いかもしれない。

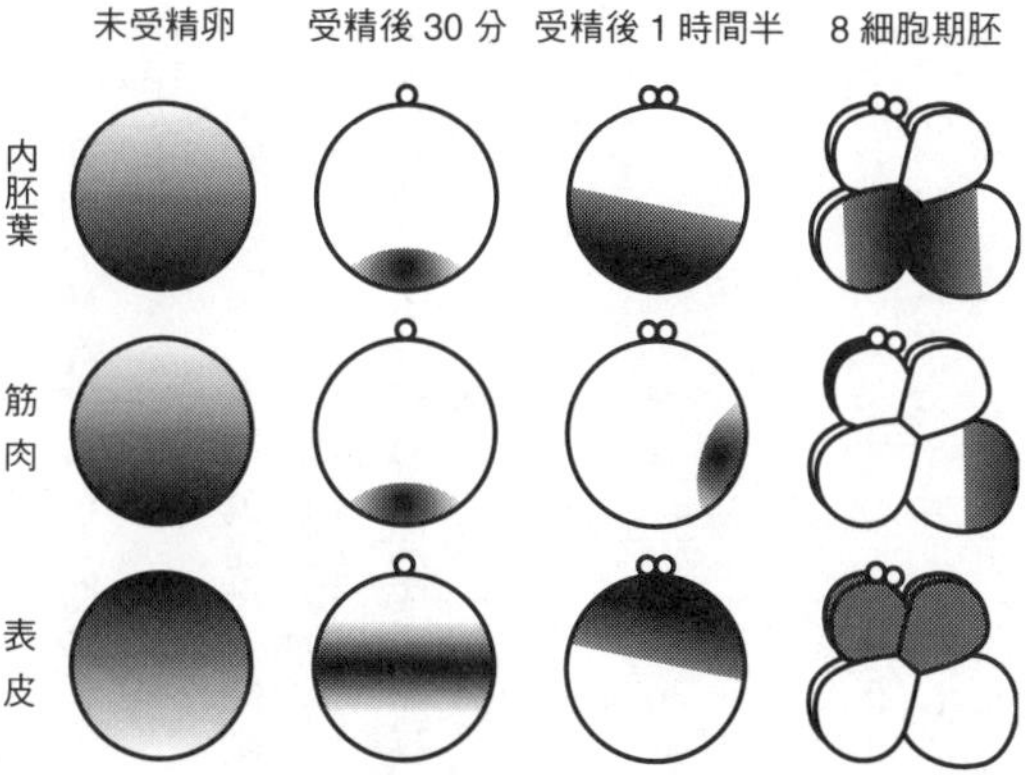

図 21　3 種類の組織の決定因子の分布図．図の右にいくほど，発生が進行している．最も左の例は未受精卵．次の例は受精 30 分後．次の例は第 1 回目の細胞分裂直前（1 時間半後）．最も右の例は，8 細胞期．各決定因子は，1 回目の分裂が起こるまでの間に卵の中を動く．

最後に、二つのことを述べて、この章を終わりにしよう。ホヤの研究をするうえで、もう一つのメリットがある。日本では、マボヤを養殖して食卓に供している。ホヤを養殖で増やしているのは、日本とお隣りの韓国のみだ。ちなみに、韓国ではキムチにもホヤを入れるそうな。すなわち、日本では実験材料としてのホヤをふんだんに漁師さんから手に入れることができるということである。近年、ホヤの研究は、日本の研究者を中心にして躍進しているといっても過言ではない。国際化時代において、外国の研究室に打ち勝っていくためには、日本の特徴を最大限に利用しなければならず、ホヤの入手は大きなメリットとなる。

ホヤ胚の細胞の発生運命は、卵細胞質内決定因子のみによってすべて決められるわけではない。おもしろいことに、脊椎動物同様、脳と脊索の決定には「誘導」とよばれる細胞どうしのやり取りが関与している。誘導に関する話は、次の章で詳しく語られるので、このあたりで筆を置くことにしよう。

3章　発生の重要なターニングポイント

木下　圭
浅島　誠

木下　圭（きのした　けい）

一九五九年生まれ。一九八二年横浜市立大学文理学部卒業。一九八四年東京都立大学理学研究科修士課程修了。日本医科大学医学部生物学教室助手を経て、現在甲南大学非常勤講師。学術博士。専門は発生生物学。共著に『図説細胞生物学』（丸善）など。

子供の頃、カエルの卵を拾ってきて一日忘れていたらオタマジャクシになっており、心の底から驚いた。以来、卵のなかで何が起こって体の形ができるのかを考え続けている。それが遺伝子で説明されるようになるとは、当然、まったく予想もしなかった。

趣味で熱帯を旅しては、あやしい両生類を探している。直接発生する（卵のなかで成体になる）カエルをいつか現地でつかまえたい。

浅島　誠（あさしま　まこと）

一九四四年新潟県に生まれる。一九六七年東京教育大学理学部卒業。一九七二年東京大学大学院理学系研究科博士課程修了。ドイツ・ベルリン自由大学研究員、横浜市立大学文理学部助教授、教授を経て、一九九三年より東京大学教養学部（大学院総合文化研究科）教授。理学博士。専門は、動物の形づくりと器官形成の発生生物学。

日本動物学会賞（一九九〇）、シーボルト賞（一九九四）、木原記念学術賞（一九九四）、内藤記念学術賞（二〇〇〇）、恩賜賞・日本学士院賞（二〇〇一）などを受賞。紫綬褒章（二〇〇一）受章。

著書に『発生とその仕組み』（出光書店）、『現代の生物学』（理工学社）、『発生生物学』（編著、朝倉書店）、『発生のしくみが見えてきた』（岩波書店）、『分子発生生物学』（裳華房）など多数。

小さい頃から、野山を網をもって昆虫などを採集したりした虫きち少年だった。生物現象にいつも興味をもちつづけ、今でも毎年、新潟や山形、岩手方面へ、イモリの採集に出掛けている。自然は生命現象の宝庫であり、分子の言葉と結びつけたいと思っている。

趣味は読書と自然散策。

序章でも述べられているように、一個の細胞である受精卵が、成体に見られるさまざまな細胞になることを、「細胞の分化」という。細胞分化の仕組みを知ることは、発生生物学の最も大きなテーマである。

「分化」がいつ決まるのかをはっきり特定することはむずかしいが、それは動物によって異なっていると考えられる。たとえば前章のホヤでは、受精卵に分化を決定する細胞質因子があることがわかった。一方、発生初期の割球では将来どのような細胞に分化するかまだ決定されていない動物も多い。

これをはっきり示すのが、哺乳類の一卵性の双子である。彼らは、まったく同じ遺伝子セットをもつ「クローン」で、一つの卵が早い時期に二つに分かれて発生したものである。もしも、卵の細胞質の最初の局在性だけで動物の形が決まってしまうなら、半分の卵から生まれた動物は体の半分の構造しかもたないはずである。けれども実際には、多くの一卵性双子は正常で、全身の構造をすべて備えている。つまり一つの卵から完全に二個体分の細胞、組織、器官ができ上がったのである。さらにヒツジやウシの卵を人為的にばらばらにして育てた場合、一卵性の四つ子や六つ子も生まれている。つまり、卵の最初の細胞質の偏りだけでは体の形は決まらない。受精したあとも、卵の中では何か重要なことが起こっている。

初めの何回かの分裂を終えると、割球たちは少しずつ違う性質を備えてくる。そしてあるときから、お互いに「働きかけ」、「コミュニケーション」を行うようになる。ひとたびこの作用を受けた細胞は性質が変わり、どのような組織をつくっていくかが決まる。これは受精後の発生の重要なターニングポイントである。このような細胞間の働きかけを「誘導」とよぶ。やがて誘導を受けた細胞も受けなかった細胞も、みずから他の細胞に誘導作用を及ぼして、誘導の連鎖反応が起こり、最終的にさまざまな器官をもったバランスのとれた体が完成する。

あらゆる高等動物の発生において、誘導は体づくりあるいは形づくりの最も基本的な役割を担っている。とても重要なのは、誘導がさまざまな細胞の間で正しい時期、正しい場所でまちがいなく行われることである。この章では、主として両生類の初期発生における誘導による体づくりの機構について、新しい話題を含めて紹介しよう。

最初の体軸と誘導

両生類の卵は、発生生物学の研究で盛んに使われてきた。それは受精も発生も体外で起こるので人工的に受精することができ、卵の変化をよく観察できるからである。哺乳類では子供が母親のお腹の中で育つので、そうはいかない。さらに両生類の卵が好都合なのは、それがとても大きいことである。直径が一ミリメートルも二ミリメートルもある。このため、卵の一部を切出して培養したり移植したりという「胚の手術」が簡単にできる。卵のどこにどんな情報が入っているか調べるために、これほど便利なことはない。以前はヨーロッパや日本で、このような実験にイモリの卵がおもに使われていた。しかし今いちばん一般的なのはアフリカツメガエル *Xenopus laevis* というアフ

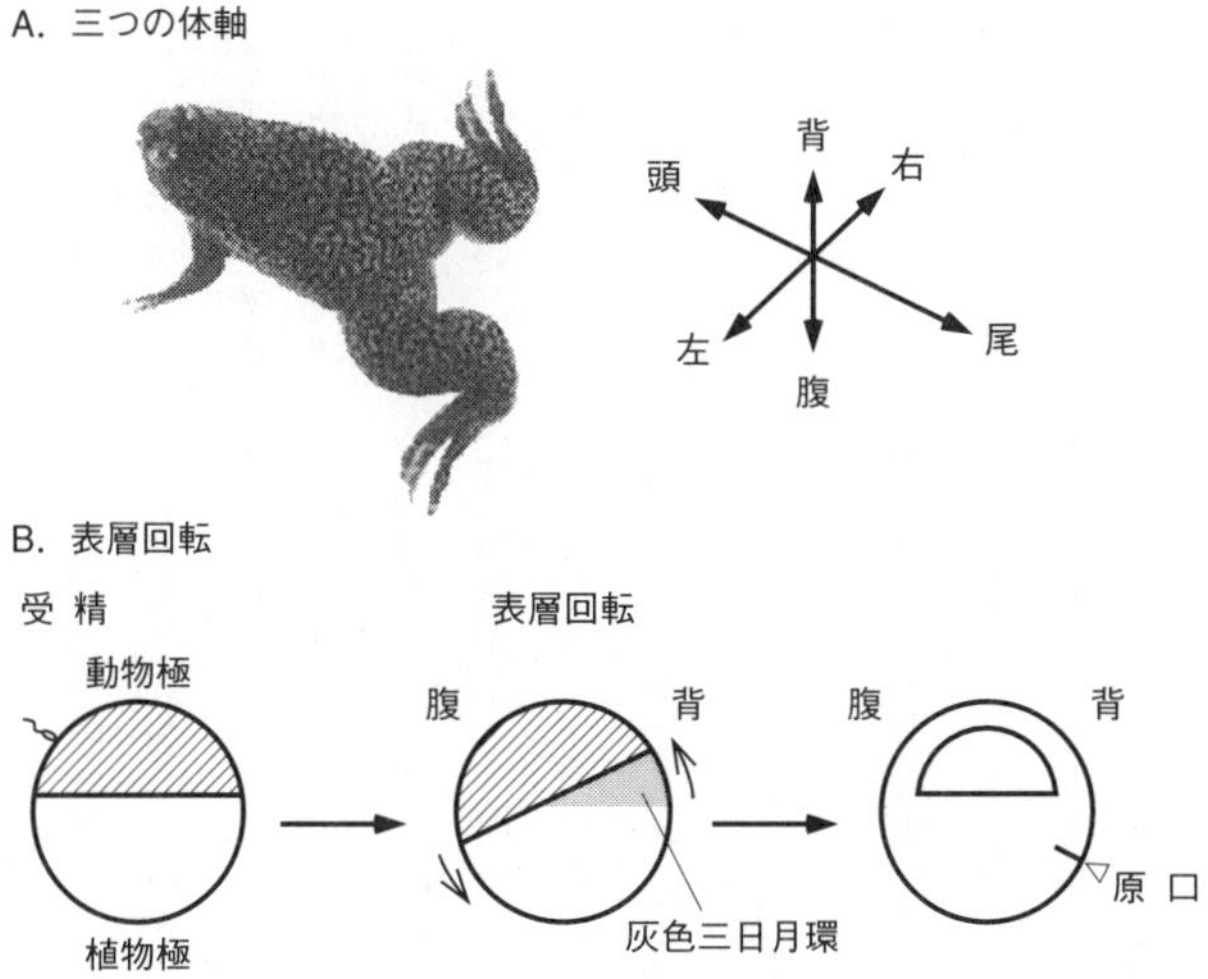

図 22　カエルの体制と表層回転．脊椎動物はみな共通に頭尾軸，背腹軸，左右軸をもっている．両生類胚の基本的な体軸は，受精後の表層回転によってつくられる．精子の入った側が将来の腹側，反対側が背側になる．

リカ原産のカエルである。このカエルは飼育も人工採卵も簡単で、実験動物としてとても優れている。今や養殖もされるようになったため、手に入れるのも簡単である。誘導現象の研究は、一九八〇年代からアフリカツメガエルを中心に進んできた。

まず、親のカエルの体制がどのようになっているかを見てみよう（図22A）。カエルでもヒトとまったく同じように頭と胴、背中とお腹、右と左の区別ができる。これを三つの体軸、頭尾軸、背腹軸、左右軸とよぶ。これは、ほとんどの多細胞動物が共通にもっている体制で、個体差などまず生じない（生じると生きられない）。一個の球形の細胞からこの三つの軸がつくられるのはどうしてだろうか。

卵は、はじめ母親の体内で成長、成熟し、受精できるようになるまで「卵母細胞」とよばれる。両生類の卵母細胞は成熟分裂の途中で停止したまま、長い時間を過ごす。そしてゆっくりと成熟する間に、細胞質にさまざまな物質がたくわえられる。卵黄やいろいろなタンパク質、脂質、RNAなどである。その結果、卵母細胞は〇・一ミリメートルに満たない大きさから最終的に一〇倍以上に成長する。最初の軸は、この間につくられると考えられる。

カエルの卵巣を取出してみると、ある時期以降の卵母細胞には、黒っぽい側と白っぽい側ができている。黒いところには色素が多く、白いところには少ない。ということは、卵母細胞の中が不均一になったのである。これが卵の一つ目の軸、上下軸（動植物軸）である。卵母細胞の内部には細胞質の不均一化ができており、卵黄が多くて重い白い側が植物極、軽くて黒い側が動物極である。この動植物軸は、のちのオタマジャクシの頭尾軸（前後軸）とほぼ一致する。

完全に成熟した卵母細胞は、生殖腺刺激ホルモンの作用を受け、最後の減数分裂を終えてから排卵される。あとは受精を待つばかりだが、ここまできても卵は動植物軸に沿っていまだ軸は一つのままである。残りの二つの軸、つまり将来の背腹軸と左右軸は決まっていない。

そして、胚の基本的な背腹軸と左右軸は受精によって決定される。受精の際、精子は動物半球の一箇所に侵入し、精子の入った側が将来の腹側、反対側が背側になる。実際には、受精からおよそ一時間たったころに、卵の外側の層が内側の細胞質に対して三〇度ほど回転する。この現象は表層回転とよばれ、これによってまた細胞質に偏りができる。このことにより、背腹軸ができる（図22B）。現在考えられているモデルでは、表層が回転することにより背側で動物半球と植物半球の細胞質が混ざり合い、ここで「背側決定因子」とよばれる物質が活性化されることで背側が決まるとされている。

このように表層回転によって基本的な体軸はでき上がる。しかし背側に背骨、腹側に内臓といった個々の組織や器官をいつ、どのように配置するか、ということはまだほとんど決まっていない。それはこれから何段階もの誘導の連鎖反応を経てゆっくりと完成されていく。

ごく初期の胚で起こる誘導は「胚誘導」とよばれる。胚誘導は、体軸を決め、体の部分、つまり頭、尾、あるいは背骨、筋肉系などという大きな領域をつくり出すとても重要なプロセスである。発生のはじめのうちは細胞の数が少ないので、数個の細胞が誘導されただけで、将来の体の大きな部分の運命が変わっていくことになる。

胚誘導のうち、最も早く起こるのは、「中胚葉誘導」と「神経誘導」である。この二つの現象は、胚の特定の時期に、特定の細胞が誘導を受けることによって、それぞれ中胚葉の組織もしくは神経組織をつくり始めることである。中胚葉だ神経だといってもスケールがわからないかも知れないが、両方合わせれば体のほとんどの部分を占める。筋肉、結合組織、骨、血管、排出系、生殖系などはすべて中胚葉の組織で、体の形を支えている「胴体部」はみなこのなかに入る。そして神経系とは大脳、小脳、脊髄、末梢神経などのことで、要するに頭から背中にかけての「頭部」の中身だと思えばよい。結局この二つの誘導がなければ、動物の体はまったくできないのである。

神経誘導の発見

これから誘導の話を始めるが、その前にカエルの発生の復習である（4章図33、一三一ページ参照）。卵は受精し、数回の卵割を終えたころ、胚の中には空洞ができはじめ、やがて胞胚となる。そしてその後、原口（げんこう）という穴に向かって赤道面あたりの細胞が内側に潜り込んでいく。この現象を原腸陥入とよび、この時期の胚を原腸胚（嚢胚（のうはい））という。陥入が進むと胚には三つの細胞層ができる。皮にあたる外側が外胚葉、潜り込んだ内側の層が中胚葉、中央部にずっしりたまっているのが「内胚葉」である。覚えておいてほしいのは、原腸胚のはじめのころに原口のできる側が「背側」だということである。

神経誘導という現象があることは、一九二四年にドイツのシュペーマンとヒルデ・マンゴルド（九二ページのコラム参照）の実験で証明された。マンゴルドは、イモリの原腸胚から原口のすぐ上の部分（原口背唇部（はいしんぶ））を切出し、これを別のイモリの腹側に移植した（図23A）。どうしてそんなことをしたかは説明がいるだろう。まず、当時すでに胚の原基分布図というものができていた（図24）。これは、胚のそれぞれの部域が、将来どのような器官の原基（もとになる細胞）になるかを示した模式図である。そして体の形や構造は、卵のころから何かで決められているという考え方があった（前成説）。彼らはその考えに疑問をもったので、本当かどうか確かめようと考えたのである。原基分布図によって、原口背唇部が脊索という背中側の器官になることはわかっていた。移植されてもやはり脊索になれば前成説は正しいし、ならなければ正しくない。このようなわけで彼らは実験を行ったのだが、結果としては、頭を二つもつオタマジャクシが一匹できた。腹側に脊索のかたまりがごろっとできたのではない。脳も目も口も内臓も二本目の背骨もできたのである。

　このような二つ目の頭を、第二の体軸ということで「二次胚」とよぶ。どうして二次胚ができたのか考えてみよう。前成説に従えば、原口背唇部は頭の原基ということになる。もしそのまま培養すれば頭だけができるはずである。しかし、実際には脊索ができた。また、この移植実験では色違いの二種類のイモリの卵を

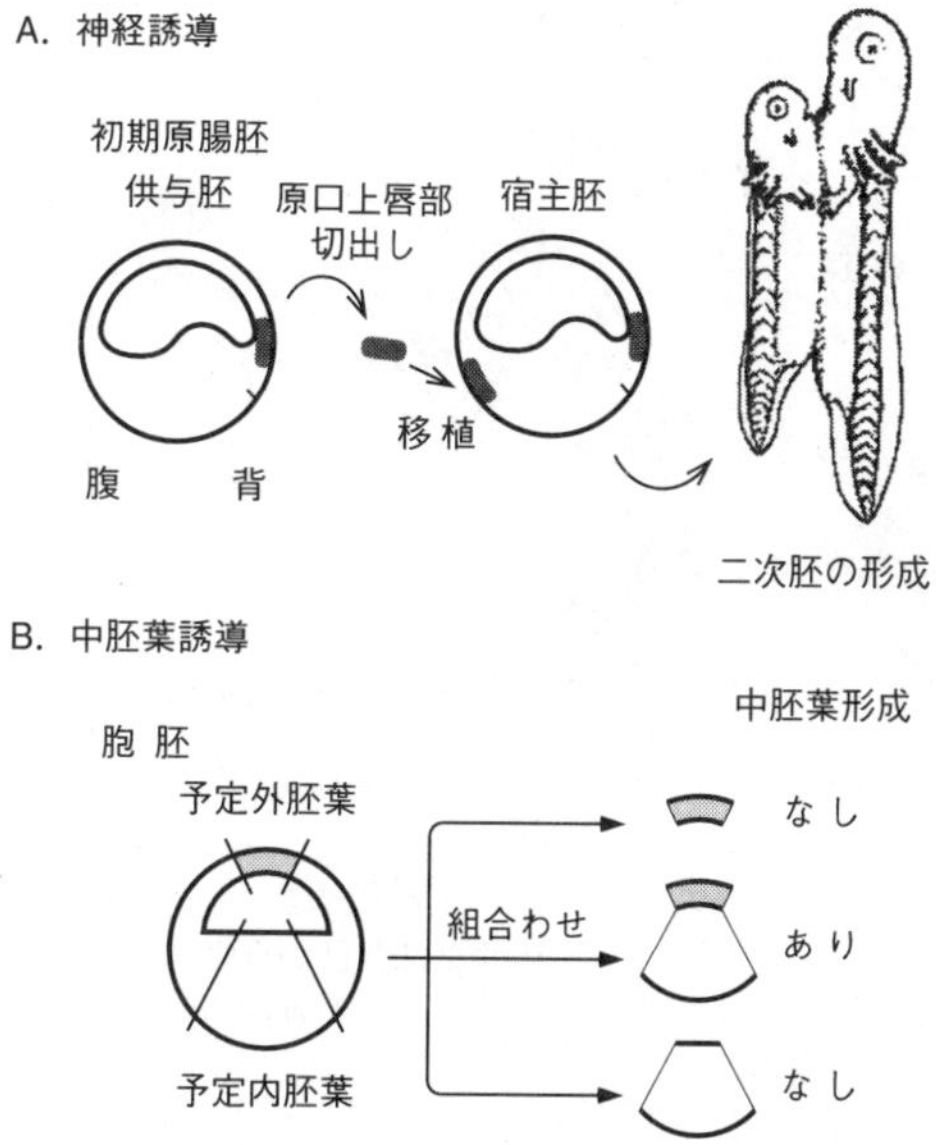

図 23　神経誘導と中胚葉誘導の実験．A．イモリの初期原腸胚期の形成体を移植すると，二次胚が形成される（Spemann および Mangold，1924）．B．胞胚から予定外胚葉領域と予定内胚葉領域を切出し，外植体をつくる．両者を組合わせて培養した．すると中胚葉が分化する（Nieuwkoop，1969）．

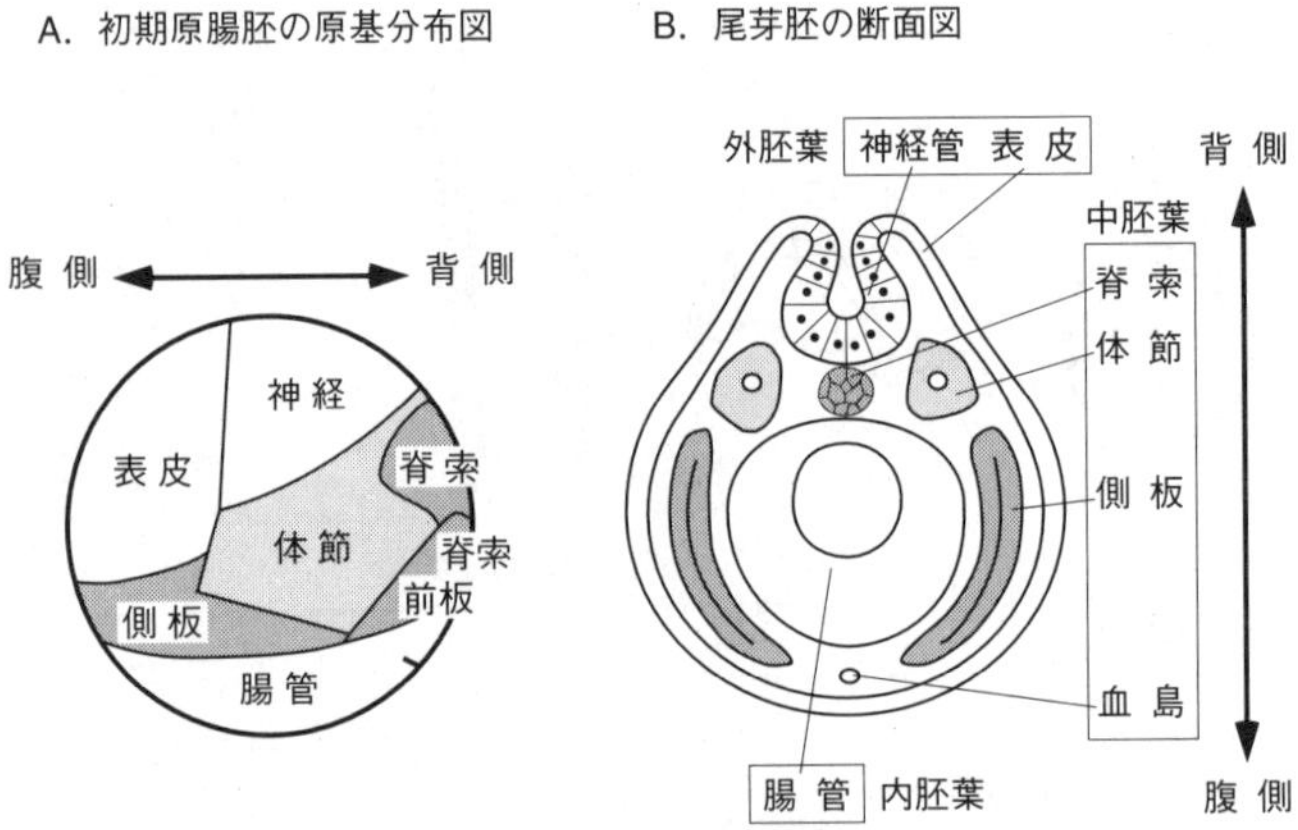

図24　イモリの初期原腸胚期の原基分布図（中村，1942）と尾芽胚の断面図．尾芽胚の胴部を切断すると，中胚葉は背側から腹側にかけて脊索，体節，側板，血島と配列している．この分布は原腸陥入以前の胚の予定中胚葉領域にすでにできている．

使っていたため、二次胚の中胚葉は移植した細胞であるが、神経系は胚の細胞でできていることもわかった。このことから、みずからは脊索になる運命をもった原口背唇部の細胞が、まわりの細胞に働きかけて神経系をつくらせたと考えることができる。この働きが「神経誘導」である。

原腸陥入のとき、原口背唇部は原口の内側へと入り込んで中胚葉となり、予定外胚葉の細胞を裏打ちするようになる。神経誘導はこの時期に予定外胚葉に働いて、中枢神経系をつくらせているのではないか。原口背唇部は、おそらく体軸を決定し、胚の体づくりの中心となる特別な領域に違いない、ということで胚のこの領域は「形成体（オーガナイザー）」とよばれるようになった。

中胚葉誘導の発見

では、形成体はどのようにして原腸胚の原口背唇部につくられたのだろうか。今度は前成説かというと、そうではない。実は形成体を誘導するのが、中胚葉誘導である。これこそ胚で最初に起こる誘導現象で、ごく初期の胚の赤道域（胚を地球儀にみたてて）に背側と腹側の中胚葉の原基をつくらせる。形成体は背側中胚葉に含まれる。

中胚葉誘導は、一九六九年のニューコープの実験で示された（図23B）。ニューコープは、初期胞胚（原腸胚より若い）から動物極側の細胞と植物極側の細胞を切出し、組合わせて培養した。つまり、中胚葉ができるはずの赤道域の細胞を取除いてしまったのである。別べつに培養した場合、予定外胚葉である動物極側の細胞は表皮に似た組織になり、予定内胚葉である植物極側の細胞からは内胚葉の細胞ができる。しかし両者を組合わせて培養したところ、筋肉、脊索、間充織といった中胚葉組織ができた。このことは、動物極側の細胞と植物極側の細胞の間で誘導が起こって中胚葉がつくられたことを示している。誘導しているのは植物極側の細胞である。

中胚葉誘導でさらに重要なのは、同じ動物極側の細胞に対して背側の植物極細胞は背側中胚葉を、腹側の細胞は腹側中胚葉を誘導することである。このことから、植物半球の背側には形成体の誘導にかかわる特別な領域がある、という仮説が立てられた。この領域は「ニューコープセンター」とよばれる。

図24に示したように、初期胚の予定原基図とオタマジャクシの組織や器官の配置とははっきり

形成体（オーガナイザー）の発見

20 世紀の初め，発生学の最大のテーマの一つは，卵の中に将来の器官や組織がどのように分布しているかを明らかにすることであった．この研究の中心はドイツにあり，二つの大きな学派があった．その一つは W. フォークトであり，彼はいろいろな工夫の末にナイル青や中性赤などを使う局所生体染色法を開発し，フォークトの原基分布図をつくった．もう一方の学派はシュペーマンらで，彼らは体色の異なる 2 種類のイモリを使って，移植交換法によって原基分布図をつくろうとしていた．シュペーマンはこの方法と意義についてフライブルク大学で講義していた．そのとき学生だったヒルデ・プレショルド（のちのマンゴルド夫人）はこの話にひかれて，シュペーマンの門をたたき，すぐに研究にとりかかった．

1921 年の春，いつものようにプレショルドが交換移植を行っていると，原腸胚の原口上唇部を移植したときだけ異なった変化が起こった．彼女は最初はこれは自分の失敗だと思い，何回も何回も繰返して実験を行ったが，やはり原口上唇部には他の部域とは異なった作用があった．そこで，プレショルドはシュペーマンにこう言った．「シュペーマン先生，私が今行っている交換移植法による方法ではどうしても原口上唇部のところだけ，うまくいかないのです．いつも変な軸みたいなものができてしまうのです」これを聞いたシュペーマンは「それは大変だ」と言ったきり，自分の部屋に閉じ込もってしまった．

その後彼らは実験を繰返して，原口上唇部に「形をつくるセンター」の働きがあることを見つけ，1924 年に形成体（オーガナイザー）として発表したのである．この形成体の発見は，その後の発生学に大きな影響を与えた．しかし，その年に彼女は夕食の仕度をしているとき，やけどを負って若くして亡くなってしまった．形成体の発表という歴史的な年に亡くなったことは，運命のいたずらとも思えるのである．

した対応関係がある。将来の腹側に相当するのが精子の侵入した側、背側に相当するのがその反対側で原口のつくられる側である。血球、間充織、体腔内上皮などは腹側の中胚葉に、筋肉は中間の中胚葉に、そして形成体と脊索は最も背側の中胚葉に含まれる。中胚葉誘導が非常に重要な現象である理由の一つは、背腹の中胚葉と形成体を誘導し、背腹軸をつくり上げることにある。

念のため、ここで「背側」と「二次胚」について確認をしておこう。背側の植物半球（ニューコープセンター）は、赤道領域の細胞に中胚葉誘導を行う。この結果、背側中胚葉ができ、その一部に形成体ができる。形成体は原腸陥入の間に神経誘導を行って、脳や目を含む頭部の軸構造をつくる。二次胚ができるのは、体に形成体が二つできているからである。ということは、さかのぼれば「背側中胚葉」あるいは「ニューコープセンター」が体に二つできていた可能性がある。これは大事なことなので、どうかしっかりと理解していただきたい。

誘導を研究する

さて、いよいよ本題である。誘導がどのようにして起こるかを調べる。

最も考えやすいのは、細胞の間で何らかの化学物質が受渡されていることである。ある細胞が分泌した物質が近くの細胞に取込まれ、その細胞分化の方向が変わっていく。このような物質はあるかないかもわからないまま「誘導物質」、「誘導因子」とよばれていた。「神経誘導因子」と「中胚葉誘導因子」を取出し、その正体を明らかにすることは、発生生物学の最大のテーマである。しかしこれはとてもむずかしい課題であった。

なぜむずかしいか。まず技術の問題である。仮に誘導因子がタンパク質だとする。体の中に何万種類もあるタンパク質のなかから特定のものだけを純粋に取出すのは大変である。筋肉の塊からアクチンをとるような仕事ならまだよい。材料がたくさんある。しかし、たとえばホルモンのように体液の中にあってわずかでも大きな作用をするものは、何トンもの体液に一ミリグラムというようにごく微量しか含まれていない。しかも、熱や化学反応で壊されてしまえば活性(働き)がなくなってしまう。無傷の純粋な因子を集めるのは、大変な労働と工夫を必要とするのである。

そしてもう一つの問題は、活性を定量することである。同じ濃さで同じ効果があることを誰もが納得できるように示すにはどうしたらよいか。どのような因子でも、効くか効かないかを客観的にはかる基準が必要である。卵の中に中胚葉や神経ができる、などという漠然とした現象の場合はいったいどうしたらよいのか。

誘導の研究は一九二〇年代から始まっているのに、ほとんど何も進まないまま六十年あまりが過ぎた。ところが一九八〇年代中ごろから、分子生物学と遺伝子工学の新しい技術が導入され、これによって著しい進展がみられたのである。現在は遺伝子の配列がわかれば、人工的に特定のタンパク質を大量につくらせることができる。そして細胞に起こる変化を遺伝子の発現としてメッセンジャーRNA(mRNA)の量で数値化することができる。この二つのことで誘導という現象は、単なる「不思議なお話」から抜け出して「ホットな先端科学」のテーマとなってきた。

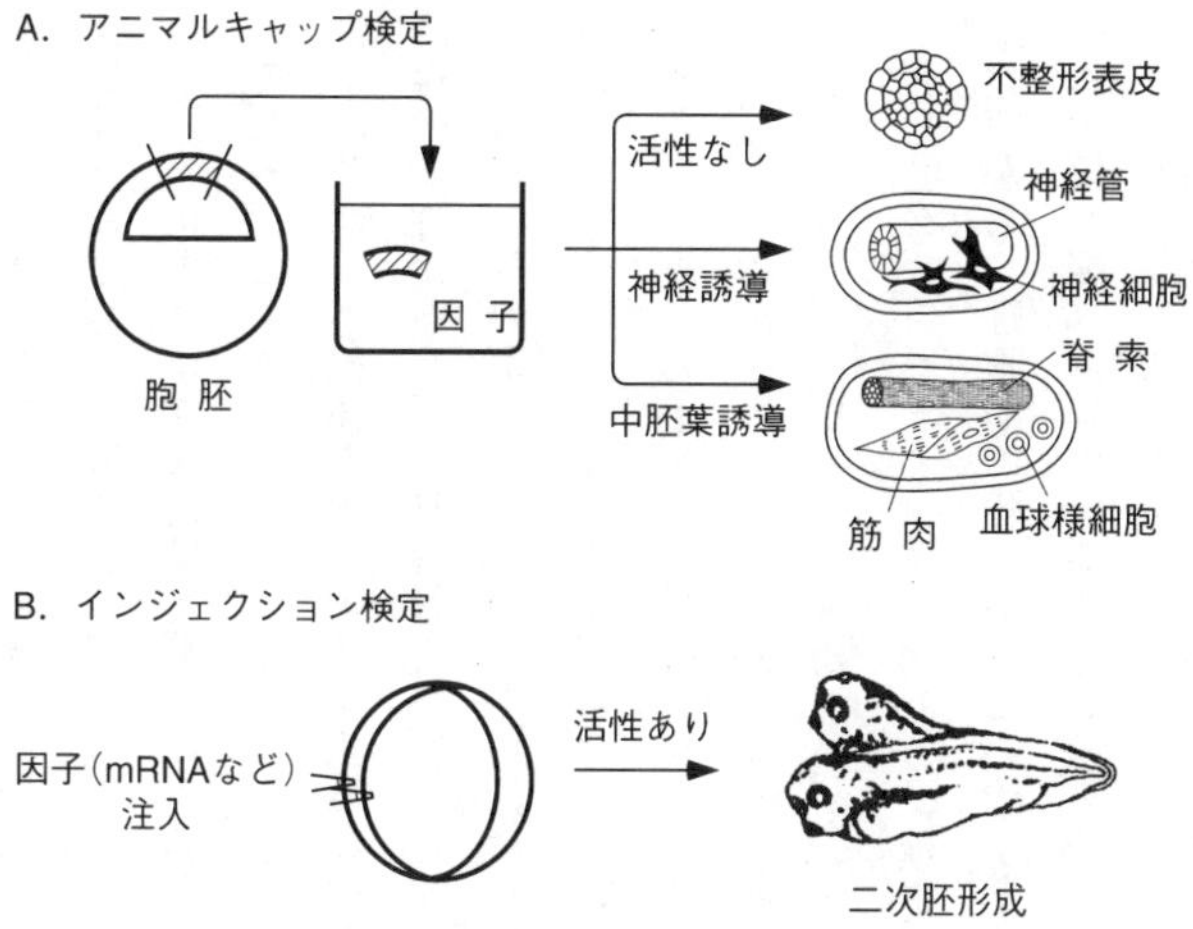

図 25　アニマルキャップ検定とインジェクション検定．A．胞胚期に予定外胚葉細胞（アニマルキャップ）を切出し，種々の因子の溶液中で培養する．効果がなければ不整形表皮となるが，誘導活性があれば濃度に応じてさまざまな組織を分化させる．
B．4〜8 細胞期の胚の割球に因子（mRNA など）を顕微注入（マイクロインジェクション）し，のちに影響を調べる．

現在、誘導因子の活性があるかどうか調べるには、「アニマルキャップ検定」という方法が用いられている（図25A）。アニマルキャップというのは、胞胚の動物極の付近を切出したもので、帽子のような形をしているので、そうよばれている。この部分は予定外胚葉細胞で、正常なら神経や表皮になる部分である。しかし切出してしまうと特に何も分化しないで、表皮のような細胞塊（不整形表皮）になる。つまりアニマルキャップは、まだ運命の決まっていない未分化の細胞から成っている。そこで、これは分化を誘導する実験に使えるのではないかと考えたのである。まずは形成体を切出し、切出したアニマルキャップのシートで包んで培養した。すると見事に神経ができた。つぎに予定内胚葉を包む。中胚葉がきちんとできた。結果は予想どおりのもので、この細胞なら誘導因子の活性の検定に使えると認識されるようになったのである。

アニマルキャップ検定は、調べたい物質（「因子」）の溶液の中でアニマルキャップを培養するものである。このように胚の一部を切出して培養したものは「外植体」とよばれる。中胚葉誘導の活性があれば、外植体の中に中胚葉組織（血球様細胞、間充織、筋肉、脊索など）がつくられ、神経誘導の活性があれば、神経系の外胚葉性組織（脳や眼）がつくられるはずである。外植体を組織切片にして、どのような組織がつくられたか調べれば、誘導の効果を具体的に知ることができる。さらに、分子生物学の手法を用いれば、組織特異的な遺伝子マーカー（目印）のつくられる量を測定できる。たとえば筋肉には筋アクチンがあるし、皮膚にはケラチンというタンパク質がある。こういったもののmRNAの量を調べると、細胞分化の種類と程度を客観的に比べることができるのである。

そしてもう一つ、インジェクション検定とよばれる新しい方法も生まれた（図25B）。これは二細胞期から八細胞期の胚に調べたい因子あるいはそのmRNAを注入しておき、発生が進んでからその効果を調べるものである。この方法は画期的で、アニマルキャップ検定では効果がみられないのに、細胞の中に入れると大きな影響を及ぼす因子を見つけることができた。ただし、mRNAを細胞内に入れるには、その遺伝子がすでにクローニングされており、完全なmRNAを人工的につくれなければならない。

アニマルキャップ検定とインジェクション検定は、誘導現象を数値化し、定量できるようにした技術である。これらの方法によって、近年ようやく誘導因子の候補が具体的にあげられるようになってきた。

中胚葉誘導活性をもつ物質

中胚葉誘導活性のあるものとしては、一九七〇年代までにブタの骨髄、ニワトリの胚、フナのウキブクロなどの抽出物が知られていた。また一九八〇年代に入って、XTC細胞というツメガエルのオタマジャクシの培養細胞の上澄み液にも高い活性があることがわかった。しかし、これらの抽出物はいずれもカエルの初期胚以外の材料からとられており、かつ不純物を多く含んでいた。ここから微量な因子を精製して化学的性質を明らかにすることはとても困難だった。

一九八〇年代後半になると、哺乳類の培養細胞の研究が進み、細胞成長因子という物質が広く知られるようになってきた。これはまわりの細胞の増殖や分化を調節する作用をもつ、ホルモンに似たペプチド（低分子のタンパク質）である。そして遺伝子工学の技術によりこれらの因子が大量生産できるようになり、きれいに精製された形で手に入るようになった。一九八七年にスラックは、いくつかの成長因子についてアニマルキャップ検定を行い、bFGF（塩基性繊維芽細胞成長因子）に中胚葉誘導の活性があることを報告した。これは、中胚葉誘導因子として認められた最初のタンパク質である。この実験でとても重要なのは、bFGFの濃度が薄ければ腹側の中胚葉（血球や間充織など）がつくられ、濃ければ少し背側の中胚葉の一部（筋肉）がつくられたことである。

こうして、中胚葉誘導という現象を一種類の物質でひき起こせること、そしてその濃度に応じて違う組織が誘導されることがわかった。しかし、bFGFはどれほど濃くしても最も背側の中胚葉（脊索や形成体）を誘導できなかった。

さてそのころ私たちが何をしていたかというと、細胞を使っている研究施設から分けてもらったいろいろなヒトの培養細胞の上澄み液をアニマルキャップ検定にかけていた。するとそのうちのいくつかに、高い中胚葉誘導活性があることがわかった。これは何とかなると思い、その溶液の分析を始めたのである。

しかし培養液とはいえ、単一の物質を精製するのはやはりむずかしい。そこで培養細胞の性質を調べるいろいろな方法を試してみた。その結果、ようやくこの溶液にアクチビンという成長因子が含まれていることをみつけた。アクチビンはTGFβ（形質転換成長因子β）ファミリーとよばれる一群の成長因子の一つである。その後、私たちは精製したアクチビンを使って、中胚葉誘導活性をテストした。予想を上回る大成功だった。アクチビンはすべての中胚葉を誘導できた。濃くすれば脊索と形成体も誘導されたのである。

この結果は一九八九年に発表され、広く注目を集めた。そして前述のさまざまな動物の抽出物についてアクチビンの有無が調べられた。その結果は驚くばかりで、いずれにもアクチビンが含まれていた。ブタ骨髄にも、ニワトリ胚にも、フナのウキブクロにも、オタマジャクシの細胞にも。そして当時注目を浴びていたネズミの細胞のPIFという物質もその本体はアクチビンだった。

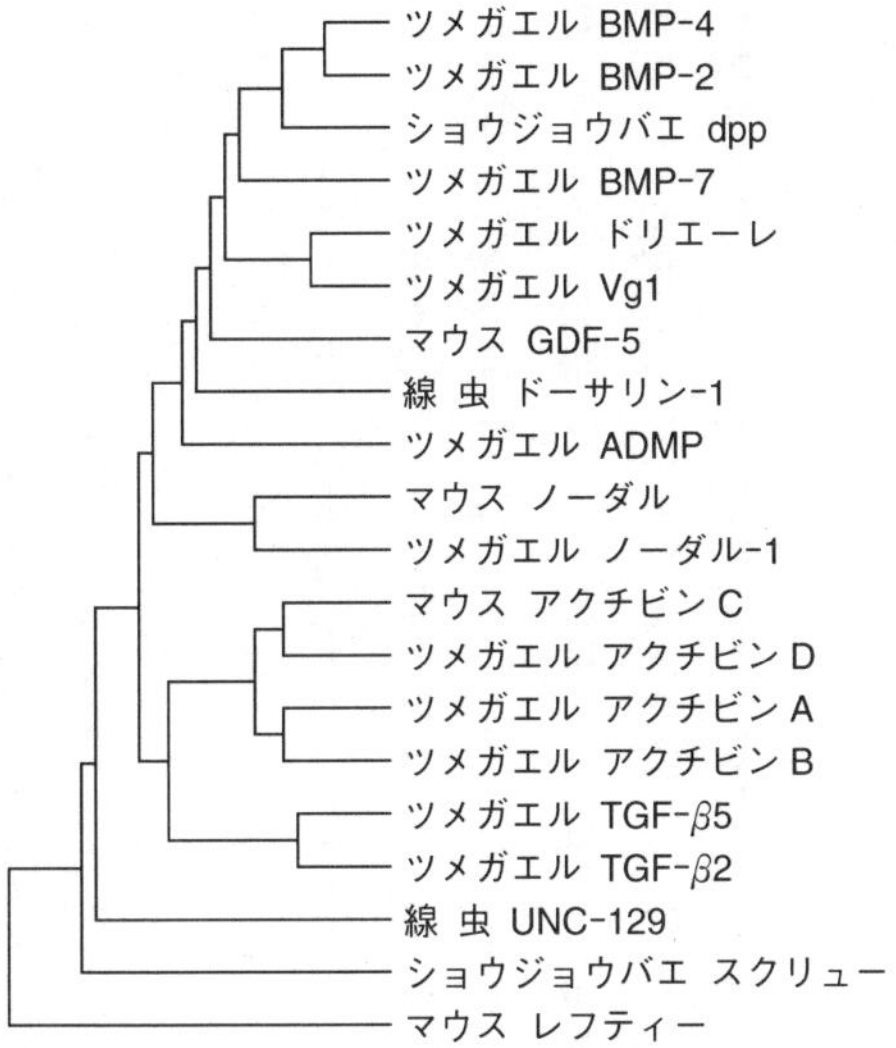

図 26　TGF-β スーパーファミリーの細胞成長因子．アクチビンはTGF-β スーパーファミリーに含まれる，分子量25,000のタンパク質である．アクチビンファミリーにはアクチビンとインヒビンが含まれ，アクチビンは2本の β 鎖で，インヒビンは α 鎖と β 鎖で構成されている．β は共通である．

哺乳類のアクチビンと
カエル胚のアクチビンの構造

細胞成長因子のなかには、しばしば分子構造のとてもよく似たものがある。このようなものはまとめて何々ファミリーとよぶ。TGFβ スーパーファミリーには、TGFβ、アクチビン、インヒビン、BMP（骨形成タンパク質）、ノーダル、ショウジョウバエのdppなどが含まれる（図26）。哺乳類のアクチビンは、一九八七年に卵胞刺激ホルモン（FSH）

の分泌を促進させる因子として発見された〔アクティベート（activate 活性化）する因子ということ〕。しかし同じ年に血球の分化にかかわる因子としても発見され、血球の研究者からはＥＤＦ（赤芽球分化誘導因子）という名をつけられていた。成長因子は、違う細胞に与えれば違う作用をするものである。

アクチビンはアクチビンβ鎖というペプチド二本がくっついた構造をしている。たとえばアクチビンＡはアクチビンβ_A鎖二本で、アクチビンＡＢはβ_A鎖プラスβ_B鎖でできている。現在までのところ、脊椎動物のアクチビンには、アミノ酸配列の似た、Ａ、Ｂ、ＡＢ、Ｃ、Ｄの分子種が確認されている。また、同じファミリーに、α鎖とβ鎖という異なるペプチド二本でできたインヒビンというものがある。これはちょうどアクチビンとは反対に、ＦＳＨの分泌を抑制する（インヒビット inhibit 阻害する）働きをする。おもしろいことに、インヒビンのβ鎖はアクチビンβ鎖とまったく同じなのである。成長因子は、同じようなパーツを使っていても、半分違えばまったく違う作用をするのである。

一つの細胞成長因子はいろいろな状況でいろいろな働きをする。また、同じファミリーの因子どうしは構造が似ているが、働きは必ずしも同じでない。しかし、絶対に違うわけでもない。あとで説明するが、このことが問題をとても複雑にしている。

以上のように、とりあえず中胚葉誘導の活性をもつ物質が見つかった。そしてはっきりさせなくてはならないことは、これが本当にツメガエルの胚で働いているものかどうかである。ｂＦＧＦもアクチビンも、よく効くとはいえ哺乳類からとったものであり、ともにカエル由来の因子ではない。同じ分子がカエルの胚にあること、そして中胚葉づくりに働いていることを確かめなくては本当の誘導因子とはいえない。さもなければ実際には卵にない物質が、たまたま構造が似ているためによく似た現象をひき起こしたということになる。この二つのことを証明するためには、まずその誘導因子のmRNAかタンパク質を早い時期の胚あるいは卵から見つけねばならない。そして何とかして卵の中の因子が機能しないようにする。働かないようにしたとき中胚葉ができないのなら、その因子は本物である。

私たちは、まずツメガエルがアクチビンの遺伝子をもっているかどうかを調べることから始めた。その結果、アクチビンの遺伝子はたしかにカエルにあり、その配列を調べたところ、哺乳類のアクチビンと非常によく似ていた（一九八九年）。ということは、アクチビンは脊椎動物全体が必要とする重要な物質だと考えられる。

つぎは、アクチビンのmRNAかタンパク質が胚にあるか、ということである。中胚葉誘導が胚の中で起こる時期は実はまだはっきりしない。しかし実験によって、植物半球の細胞が誘導できるようになるのも、動物半球の細胞が応答できるようになるのも三二～一二八細胞期であることがわかっている。これが卵の状況だとすると、アクチビンはこのころまでに十分たくわえられていなくてはならない。そこで私たちは、未受精卵と胞胚からタンパク質を取出し、両者から中胚葉誘導活性をもつアクチビンA、B、ABを精製することに成功した（一九九一年）。つまりアクチビンが誘導の時期より早くから卵にあることがはっきりしたのである。

アクチビンはどこでつくられるか

では、このアクチビンタンパク質はどこでつくられ、どうやって卵に運び込まれるのだろう。

このことについて、まず一九九三年のほぼ同じ時期に、米国の二つの研究室から報告があった。彼らはアクチビンがつくられているのが卵巣のどこかであると考え、切片をつくってアクチビンmRNAの局在を調べた。その結果、アクチビンのmRNAが、卵母細胞を取巻いている「沪胞細胞」で転写されていることがわかった。よってアクチビンが沪胞細胞で合成されて卵母細胞に送り込まれる可能性が考えられる。

私たちは、アクチビンタンパク質を探すことにした。その最初の手がかりとなったのは、アクチビンとフォリスタチンが、卵黄の主成分であるビテロジェニンというタンパク質にとても結合しやすいことが明らかにされたことであった（一九九四年）。卵黄のビテロジェニンは肝臓で合成されて卵巣に送り込まれる。このことからは、まず血液中のアクチビンがビテロジェニンに結合し、一緒に卵に運び込まれるということが予想される。そこで、抗体を使ってアクチビンとフォリスタチンがどこにあるか電子顕微鏡で観察した。その結果、アクチビンとフォリスタチンが卵の中で卵黄小板に取込まれていることが明らかになった。よって、アクチビンが卵の形成期にタンパク質として卵母細胞にたくわえられることはおそらく間違いない。卵が受精して卵割が進行すると、卵黄小板は消費され崩壊していく。このときアクチビンが遊離し、細胞外へ分泌されていくのではないだろうか。

では、本来の中胚葉誘導因子としての条件、中胚葉形成に必要かどうかはどうだろう。これを確かめるのはなかなか容易でない。卵の中にある因子をそれ一つだけ阻害するというのは、現実にどうすればよいのだろうか。この話をする前に、アクチビンが働くとき細胞で何が起こるのかを説明しなくてはならない。

誘導は遺伝子の発現をひき起こす

カエルの胚では、胞胚のころからたくさんの遺伝子の転写が始まる。遺伝子発現の開始は細胞分化の始まりを意味する。そして発生が進むにつれ、誘導と分化の連鎖反応が起こり、胚の部域、時期に応じて特異的な遺伝子が入替わり立替わり発現していく。このなかには、近年「体づくりにかかわる遺伝子」として知られるホメオボックス遺伝子（4章参照）も多く含まれる。早い時期に現れ、連鎖の上流で働いている遺伝子は総称して「マスター遺伝子」とよばれている。このなかには、体づくりの始まりにかかわる重要なものが含まれているに違いない。

アニマルキャップをアクチビンで処理した場合も、すぐにさまざまな遺伝子の発現が始まる。これには胚の中胚葉でみられるほとんどの遺伝子が含まれており、RNAの現れる順序も時期も正常胚とほとんど同じである。これはとても重要なことで、体づくりのプロセスを正常胚とほぼ同じ

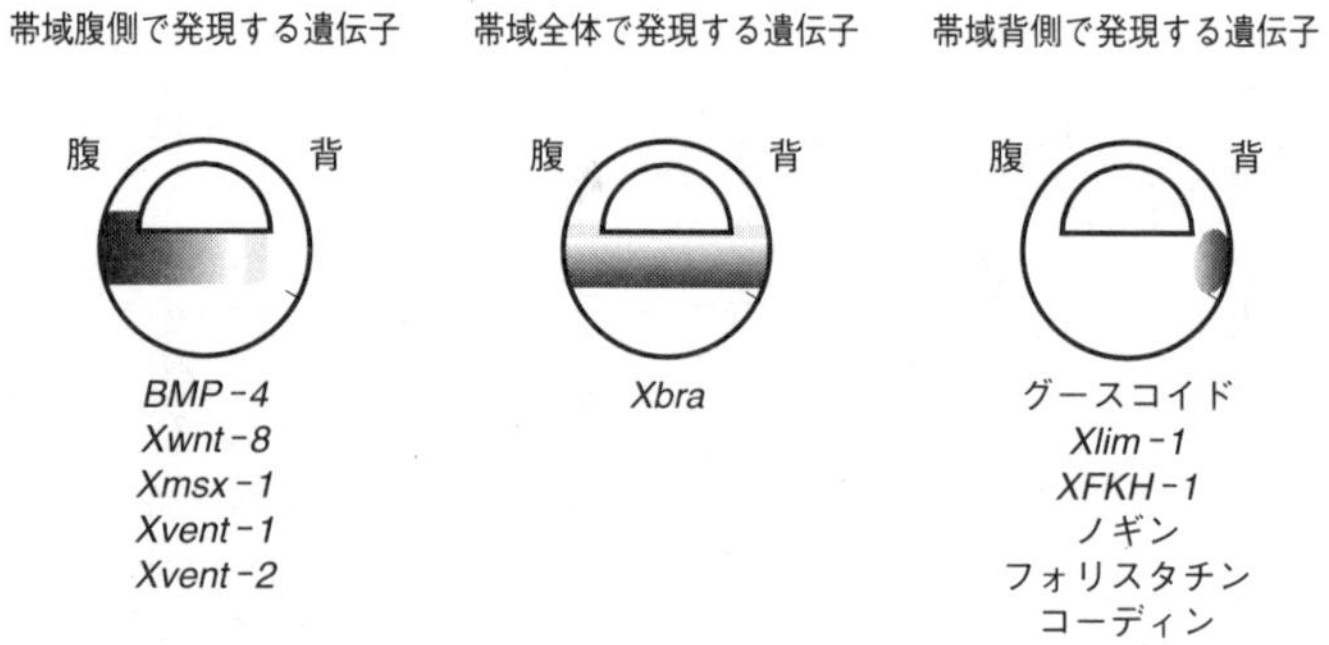

図27　初期原腸胚における遺伝子の発現．ツメガエルの初期原腸胚の赤道領域で転写されるmRNAの分布．このうち初期応答遺伝子は，グースコイド，*Xlim-1*，*XFKH-1*，*Xbra*である．

ように試験管内で再現できることを示している。つまり、正常な発生のモデル系に使えるのである。現在は多くの遺伝子が続々とクローニングされ、その発現パターン（どこで発現するか）と機能（何をするか）について詳しい研究が行われている。特に誘導の直後に転写される遺伝子はマスター遺伝子の可能性があり、注目を集めている。

正常な胞胚の中胚葉マーカー遺伝子（中胚葉細胞でのみ働く遺伝子）の多くはまず赤道域で発現するが、これらは、原口背唇部（背側）、それ以外の領域（腹側）あるいは帯域全体で発現するものに大別される（図27）。そしてそのうちのいくつかは、アニマルキャップをアクチビン処理した直後に転写が開始されるので、「初期応答遺伝子」とよばれている。一般に遺伝子にはタンパク質をコードしている領域の上流にプロモーターとよばれる転写の調節にかかわる領域がある。転写のオン／オフはその遺伝子に特異的な転写因子（タンパク質）がプロモーターに結合することで制御されている。初期応答遺伝子のタンパク質は、いずれも転写因子であるため、アクチビンの作用を受けた細胞の中で転写・翻訳されたのち、別の遺伝子の発現をひき起こすと考えられる。

背側に発現する初期応答遺伝子には、グースコイド、*Xlim-1* および *XFKH-1* などがあり、いずれも転写因子である。これらは非常に重要で、インジェクション検定で二細胞期から八細胞期の胚の腹側の細胞に mRNA を注入すると二次胚ができる。ということは、神経誘導因子の遺伝子のスイッチをオンにしていることになる。

原腸胚を過ぎたころから発現してくる遺伝子は、おそらく誘導の連鎖で初期応答遺伝子の下流に位置する。はじめは、それぞれ頭部、尾部、腹部、神経系といった大きな領域に一様に現れる。そして少し複雑な体の構造ができてくると、筋肉になる領域、腎臓になる領域といったより狭い範囲で、組織、器官に特有の遺伝子が発現してくる。これが分子マーカーである。筋アクチンの mRNA は筋肉で、表皮ケラチンの mRNA は表皮でしかつくられない。

しかしここに至るまでのプロセスは非常に複雑である。筋アクチン一つをとってもその上流でたくさんの遺伝子が発現していることがわかってきている。このことを考えると心臓や腎臓一つの完成には、数十から数百の遺伝子が関与していることが予想される。そして全身の組織、器官ができていく過程ではいったいどれだけの遺伝子が働いているかわからない。しかし、それぞれの遺伝子をひもといていけば、いつか全身の構造がつくられていく道筋を解明できる可能性がある。とにも

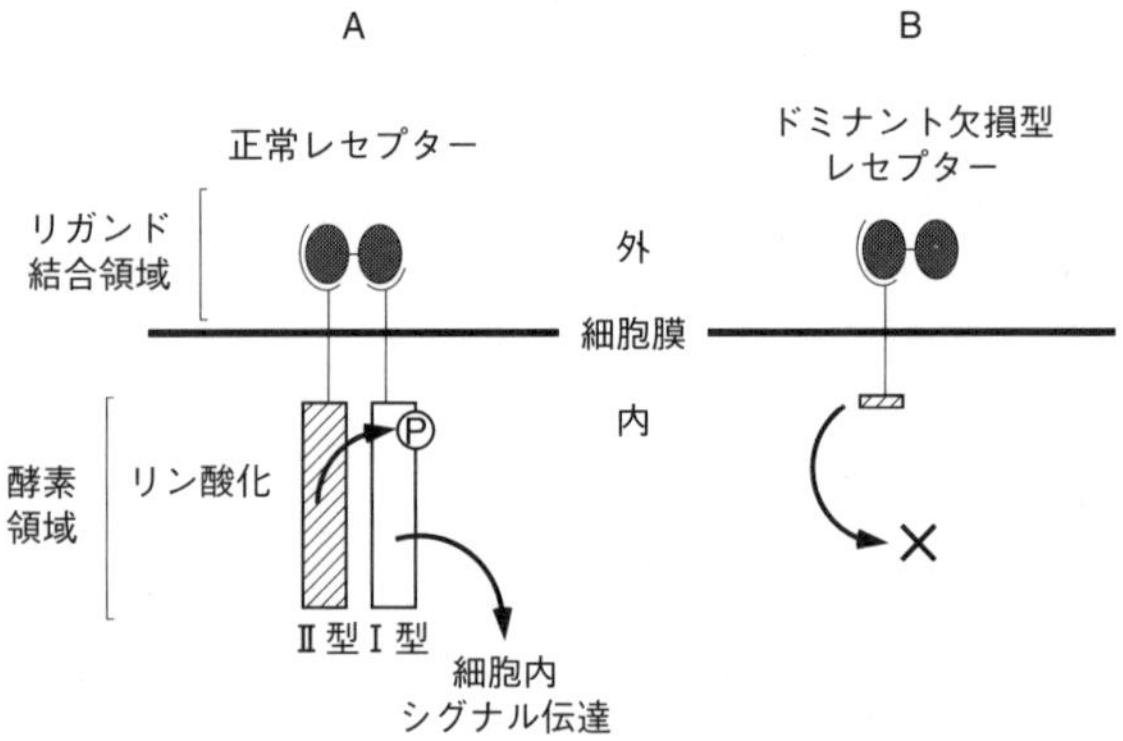

図 28　アクチビンレセプターとドミナント欠損型レセプター．標的細胞の細胞膜上にあるアクチビンレセプターにはⅠ型とⅡ型がある．いずれもリガンド（因子）と結合する部分を細胞膜外に出し，リン酸化酵素の活性をもつ酵素領域は膜内にある．人為的なドミナント欠損型レセプターは酵素領域が削除されており，リガンドが結合しても反応できない．

かくにも、中胚葉誘導因子はそのほぼ一番上流に位置しているのである。

情報は細胞内でどのように伝わるか（シグナル伝達）

それでは、ある細胞に中胚葉誘導因子が作用していろいろな遺伝子の転写反応が始まるまでに、その細胞の中では何が起こっているのだろうか。

成長因子に応答する細胞の膜には、その因子（リガンドとよぶ）だけが特異的に結合する受容体（レセプター）というタンパク質がある（図28）。レセプターは細胞膜に突き刺さる形で存在し、膜の両側に分子の一部が出ている。膜の外側の部分には成長因子が結合する。そして内側には酵素として働く部分がある。レセプター部分に因子が結合すると、酵素が活性になる。このことが引金になって情報が細胞の中に伝えられ、さまざまな化学反応が連鎖的に始まる。そして連鎖の最後に何らかの転写因子がある遺伝子のプロモーターに結合してその遺伝子が転写され、新しいタンパク質がつくられていく。このような、受容体に因子が結合してから機能が現れるまでをシグナル伝達という。

一〇二ページで述べたように、卵にタンパク質としてたくわえられた母性アクチビンは、発生の初期に働いている可能性が高い。アクチビンもレセプターと結合しなくては作用を現せないが、ツメガエルの胚にはアクチビンレセプターのmRNAが見つかっている。母性mRNAも、胚でつくられるmRNAもともにある。

TGFβファミリーの成長因子のレセプターは、セリン／トレオニンリン酸化酵素の活性をもっている。そして、どの因子のレセプターもⅠ型レセプターとⅡ型レセプターの両方がないと活性が現れない。Ⅰ型とⅡ型が組になって働くのである。今のところアクチビンでは、ⅠA型、ⅠB型、ⅡA型、ⅡB型の四種類のレセプターが見つかっている。

アクチビンが作用する場合、まずはじめに、アクチビンがⅡ型のレセプターに結合する。Ⅰ型レセプターとは直接結合しない。アクチビンにⅡ型のレセプターが結合したところへⅠ型レセプターが結合する。するとⅡ型レセプターはⅠ型レセプター分子をリン酸化して活性化する。そしてこの活性化されたⅠ型レセプターが細胞内の基質をリン酸化し、さまざまな反応が連鎖的に細胞内で進行すると考えられている。

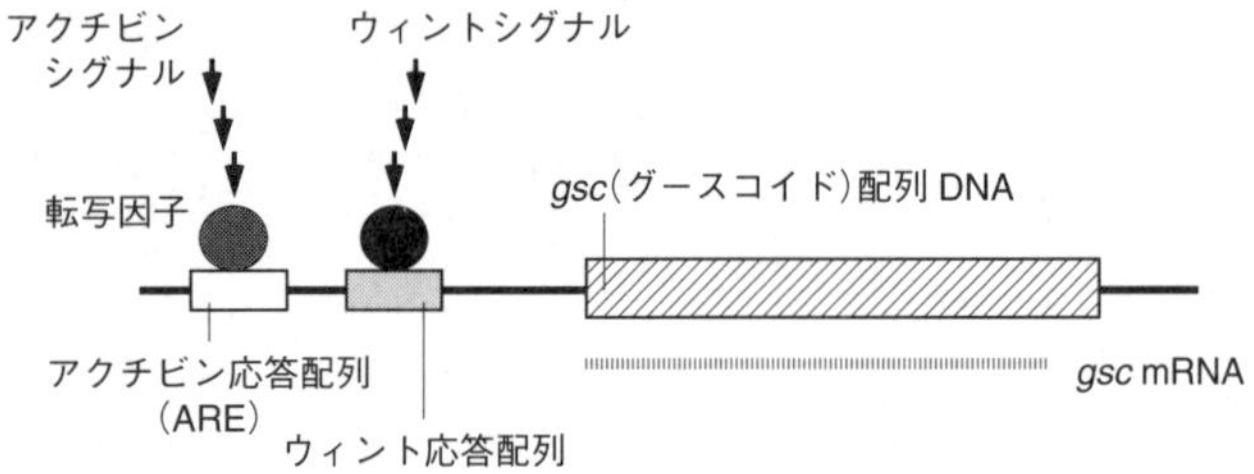

図 29　グースコイド遺伝子（*gsc*）の誘導因子に対する応答配列．グースコイド遺伝子の上流のプロモーター領域には，アクチビンシグナルとウィント（Wnt）シグナルの両方に対する応答配列がある．ここに転写因子の複合体（Smad と FAST-1）が結合することでグースコイド遺伝子の発現が開始される（Cho ら（1994）の図を改変）．

アクチビンがレセプターに結合したあと、その下流で起こる反応については現在続々と解析が行われている。いくつかの初期応答遺伝子が発現するまでの、いま考えられているモデルを紹介する。まず、リン酸化反応で Smad2 という細胞内の因子が活性化され、これが Smad4 と結合して核の中に入る。さらに転写因子である FAST-1 と結合して複合体をつくる。この複合体は初期応答遺伝子のプロモーター領域にあるアクチビン応答配列（ARE）に結合して転写が開始される。アクチビン応答配列は、初期応答遺伝子であるグースコイド遺伝子などで確認されている（図 29）。

Smad は、TGFβ ファミリーのさまざまな因子のシグナルを伝える細胞質タンパク質と考えられている。Smad タンパク質も一種類ではなく、少しずつ働きの違うものが多数ある。Smad をツメガエル卵に注入すると、この場合はレセプターをバイパスして、核に直接情報を伝えて遺伝子の転写をひき起こす。このためアクチビン処理をしなくてもアニマルキャップに中胚葉が形成される。このタンパク質の特徴は、異なった種類のSmadが異なった種類の中胚葉を誘導することである。Smad1はBMPのシグナルと同様に腹側の中胚葉を誘導し、Smad2はアクチビンやVg1、ノーダル（図26、九九ページ参照）のように背側中胚葉を誘導する。つまりSmad1はBMPの下流で、Smad2はアクチビンの下流で働いていると考えられる。このほかのTGFβファミリーの因子にもそれぞれ下流で働くSmadがある。そして困ったことにシグナルの伝達は必ずしも一対一で行われない。一つの因子に対して複数のSmadが複合体になって働く場合も、違う因子が同じSmadを使う場合もある。

シグナル伝達も、莫大な数の因子がかかわる複雑なシステムである。しかし現在すさまじい速さで研究が進んでおり、これにかかわるメンバーが次つぎと見つかっている。

誘導は単純ではない

さて、保留していた問題に戻ろう。アクチビンは中胚葉形成に必要なのだろうか。

アクチビンで割球を処理すれば中胚葉がつくられ、卵の中にはあらかじめ十分な量のアクチビンがあるのだから、何かしているはずである。しかし、アクチビンが中胚葉形成に絶対に必要というためには、何とかしてその働きを阻害してみなくてはならない。

そこで考え出されたのが、レセプターの方の働きを阻害することだった。なぜなら、いま述べたように、レセプターからシグナルが伝えられなくては、どのような因子も機能を発揮できないからである。

このために、人工的に変異させたレセプターのmRNAをカエルの卵に入れる実験が行われた。インジェクション検定の変形と考えてよい。注入されたmRNAは卵の中で翻訳され、レセプタータンパク質となって細胞膜に移動するはずである。この変異レセプターのトリックは、酵素として機能する部分が削られていることである（ドミナント欠損型レセプター、図28）。このため因子が結合することはできるが、その先のリン酸化反応が起こらない。このタンパク質を細胞に大量につくらせれば成長因子が誤って結合してしまい、正常なレセプターと結合する因子の数が不足することになる。そうなれば、必ず胚に異常が起こる。どういう異変が起こったのか調べれば、その因子が生体内でどのような役割を担っているかの手がかりが得られるだろう。ドミナント欠損型レセプターを使えば、アクチビンが本当に中胚葉形成に必要かどうかがわかる、と予想された。

ところが結論からいうと、アクチビンが絶対に必要かどうかは、いまだにはっきりしない。レセプターのmRNAを用いてアクチビンの役割を最初に示そうとしたのは、ⅡB型レセプターのmRNAを胚に入れた実験である（一九九二年）。この結果、正常なレセプターのmRNAを大量に入れた胚には二次胚が形成された。細胞膜上のレセプターが増えたことで、過剰のシグナルが送られたのだろう。そしてドミナント欠損型レセプターのmRNAを入れた胚には、中胚葉形成の異常が見られた。ねらいどおりである。当時の認識では、この結果は生体内でのアクチビンの機能を証明するに十分と思われた。

ところがその後、事態がそれほど単純ではないことがわかってきた。アクチビンのII型レセプターは、どうもVg1やBMPなどの他のTGFβファミリーの因子とも結合してしまうようなのである。また、他の因子のレセプターにアクチビンが結合することもある。因子の構造がお互いに似ているため、特異性が低いらしい。さて、アクチビンのドミナント欠損型レセプターで異常が起こったのは、アクチビンの結合を阻害したからなのか、それとも他の因子を阻害したからなのか。結論はまだ出ないが、中胚葉誘導は単純に一種類の物質では説明できないと予想される。アクチビンは中胚葉形成にかかわっているが、おそらくアクチビンだけでは完全でないのだろう。

bFGFとアクチビンという具体的な候補があがり、シグナル伝達の機構が解明されていくにつれて、中胚葉誘導という現象の複雑さも明らかになってきた。現在ではbFGFとアクチビン以外にも、TGFβファミリーの因子であるVg1、BMP、ノーダルなどが中胚葉形成にかかわっていることがわかっている。中胚葉誘導は、微妙なバランスのもとで複数の因子が共同して働かなくてはならないのかもしれない。このため、何かの因子を阻害すれば全体の異常が起こるし、たくさん入れれば効果が増幅される。中胚葉パターンはさまざまな因子の正確な相互作用でつくられているのだろう。

最初に見つかったbFGFについては、mRNA、タンパク質、レセプターのいずれもが卵細胞にある。そして、bFGFのドミナント欠損型レセプターを使った実験では、胴部に異常が起こり、頭部は影響されなかった。これはbFGFが胴部の中胚葉形成に必要であることを示している。また、アクチビンやVg1のシグナル伝達にはbFGFのシグナルが必要であることも報告されている。どうも中胚葉誘導には、FGFとTGFβファミリーの因子の両方が必要らしい。これからはどうしても誘導因子の相互関係を調べていかなくてはならない。

背中とお腹を決める

前節まで、アクチビンと中胚葉誘導の分子的な側面について話してきた。つぎに、中胚葉誘導で体のパターンがどのようにしてつくられていくかについて考えてみよう。

中胚葉誘導は胚の背腹の軸をつくる。背腹軸の基本は、体の中に背側と腹側の中胚葉が別べつにできることにある。これにはどういう条件が必要なのか。考えられる仕組みを三つあげてみる。

a. 背側と腹側の細胞が異なった因子を分泌しており、腹側誘導因子は腹側の、背側誘導因子は背側の中胚葉を誘導する。
b. 違う濃度では違う中胚葉を誘導するような因子が卵の中で偏って分布している。
c. 胚の中の中胚葉誘導因子の濃度は背側も腹側も同じだが、片方でだけ「背中にする因子」もしくは「腹にする因子」といった体軸決定因子がつくられている。

この三つのうち、どの可能性が一番高いのだろう。繰返しになるが、FGFファミリーの因子は腹側中胚葉しか誘導せず、アクチビンはすべての中胚葉を誘導できる。そしていずれも濃度が高いほど、より背側の組織を誘導する。ということは、はじめの二つの可能性は十分ありそうである。

どちらかの因子が卵の中で偏ってさえいれば、背側と腹側の中胚葉ができることになる。ところが、現在までのところ、どちらも偏りがあるという報告はない。むしろ均一に分布しているという見方が強い。私たちも特異的な抗体を用いてアクチビンの分布を調べたが、局在性は見られなかった。

では三つ目の可能性、分泌される誘導因子は共通だが、片方でプラスアルファの体軸決定因子が働いているということについてはどうか。これは現実的な候補を考えることができる。それは八七ページで述べた背側決定因子である。これは卵割が始まったころの胚の背側にはっきりと局在している。たとえば背側の細胞質を抜取って他の胚の腹側に注入すると、二次胚が形成される。背側決定因子の偏りが体軸の決定にかかわっていることはおそらく事実である。背腹軸ができることは、中胚葉誘導因子が偏っているというよりも、背側決定因子および誘導因子という複数の要素を考えた方がよい。

現在のところ、背側決定因子の正体はわからない。しかし、これと類似した作用をもつものが見つかっている。候補の一つは、ウィント（Wnt）ファミリーという一群の分泌タンパク質で、mRNAを胚に注入すると二次胚をつくらせるものがある。少なくともウィントのいくつかのタイプは母性mRNAが存在することが報告されている。ウィントタンパク質がどのようにして背側化をひき起こすのかはわからないのだが、あらかじめmRNAを注入し、胞胚期にアニマルキャップを取出すと、アクチビンに対する応答が著しく背側化する。しかしウィントだけでは中胚葉はつくられない。このことから、ウィントは誘導因子が結合したときの細胞の応答のしかたを変えたと解

誘導因子の探索

1924年のオーガナイザー（形成体）の発見以来，これと同じ働きをし，未分化細胞に頭部や胴尾部の構造を誘導する物質の探索は時代を超えて世界中で延々と行われた．しかしながら，その物質の同定は困難をきわめ，一時は迷宮入りかと思われた．たとえば1950年代に岡田 要先生（京都帝国大学，のちに東京大学教授）は，「神経誘導はチョークの粉や石粉でも起こり，不特定多数の物質で起こるのでそのような物質の特定はありえない」と述べられた．このような大御所が学会などでお話しになったことで，それまで日本の各地で行われていた誘導物質の研究は潮がひくように活気を失い，多くの研究者が方向転換をしていった．しかし岡田 要先生の研究では神経に似た細胞をみたのであり，頭部構造や中枢神経など神経の構造をもった明確な組織を見つけたのではなかったのである．神経誘導因子の正体は，最近，いくつかの候補分子が発表されているが未だ明らかでない．

神経誘導因子の研究は下火になっていったが，それでも中胚葉誘導因子については研究を延々と続けたグループがいくつかあった．最も長く，かつ精力的に研究を進めていたのがドイツのティーデマン教授夫妻である．彼らはニワトリ胚から脊索や筋肉をつくる物質を取出すことを試み続け，30年かかって1975年に中胚葉誘導活性のある分子量32,000の二量体タンパク質の部分的精製に成功した．しかしC末端とN末端のいくつかのアミノ酸配列までは決定したものの，彼らは結局全アミノ酸配列の決定には至らなかった．

その後，1987年になって，英国のスラックらは細胞成長因子の一つであるbFGF（塩基性繊維芽細胞成長因子）に中胚葉誘導活性があることを発表した．さらに1988年には米国のダーウィッドらがTGF-βが活性をもつと報告した．筆者らは1989年にヒトの培養上清から取出したアクチビン（またはEDF，赤芽球分化誘導因子）という物質に活性があることを発見し，1990年の1月に発表した．

その後，2カ月おきに英国のスミスらのXTC-MIF因子，ドイツのティーデマンらのニワトリ胚因子，腎臓因子がいずれもアクチビンAまたはそれに関連した物質であることが発表された．この間の報告の速さはすさまじく，まさに堰（せき）を切ったようであった．そして胚誘導の研究は発生生物学から分子生物学へと発展し，多くの人びとがこの分野に入ってくるようになったのである．現在は新しい因子や遺伝子が続々と発表され，初期発生を取巻く研究環境は日々これ新発見の場となっている．

釈できる。また先ほどグースコイド遺伝子がプロモーターにアクチビン応答配列（ARE）をもっていることを述べたが、ここにはウィントの応答配列も存在している（図29）。グースコイドが形成体で特異的に発現するのは、この応答配列の制御によるものと考えられる。以上のことからは、アクチビンとウィントがニューコープセンターにあり、形成体はこの二つの因子によって誘導されるという可能性を考えることができる。

今のところカエル胚でウィントタンパク質が背側に局在しているという証拠はない。しかしウィントで活性化されるシグナル伝達系の因子を調べていくことで背側決定の仕組みのヒントが得られる。そのなかで注目を集めているのはβ-カテニンである。これはもともと細胞接着のタンパク質として知られていたものであるが、近年ウィントの下流でシグナル伝達にかかわっていることがわかってきた。β-カテニンはmRNAもタンパク質も母性因子としてツメガエル卵に含まれており、インジェクションをすると背側決定因子と同じように二次胚を形成する。また、母性β-カテニンmRNAを阻害すると体軸形成が妨げられる。そして、β-カテニンのタンパク質が初期胚の背側に偏っていることも示されている。これらのことから、ウィントとβ-カテニンのシグナル伝達が背側決定にかかわっている可能性は高い。

背側決定因子によって最初の背側決定が起こったあと、胚ではさまざまな因子が体軸を決定づけるよう働き始める。BMPはアクチビンと同じTGFβファミリーの成長因子であるが、ウィントと反対に腹側化をひき起こすことが知られている。たとえば初期胚にBMPのmRNAを注入すると、背腹軸のないだるま状の胚ができる。これは胚に形成体ができなくなったということである。またBMPのドミナント欠損型レセプターを胚の背側に注入すると二次胚が形成される。これは胚の内在性BMPの働きを抑えたので背側化が起こったということである。このような結果から、胚の中胚葉細胞は放っておけば背側の構造をつくるものであり、これに腹側化因子が働くことで背腹軸ができるという解釈もされている。また、胚で実際にBMPが腹側化の作用を及ぼすのは原腸胚を過ぎてからであり、神経誘導の調節にかかわっていることも報告されている。BMPと神経誘導の関係については、次節で解説する。

神経誘導について

以上のように中胚葉誘導の研究は現在世界的に行われており、基本的なメカニズムについては理解が深まってきた。それでは、神経誘導についてはどうだろうか。アニマルキャップをアクチビンで処理すると、外植体の中にはしばしば神経組織がつくられる。しかしこれは、外植体の中に中胚葉誘導で形成体がつくられ、これが未分化の細胞に働きかけて二次的に誘導したと考えられる。アクチビンが直接神経誘導をしたわけではない。

神経誘導と神経系のパターンづくりの研究はシュペーマンの時代から綿々と続いているが、なかなか神経誘導因子といえるものは現れない。これはまず神経誘導の定義自体がはっきりしないことに原因がある。私たちは、神経誘導とはシュペーマンの実験で示されたとおり、脳や目も含む頭ますることがつくられることと考えている。少し考えるだけでも、この現象は複雑だろう、という気がする。

しかしここ数年、ようやく分子生物学的な研究が進み始め、神経誘導因子の候補になる物質が報告された。これにはノギン、コーディン、フォリスタチンといった、形成体領域に現れる因子が含まれている。これらの因子のインジェクション検定を行うと、立派な二次胚ができる。また、アニマルキャップに神経マーカーの遺伝子を発現させることができる。これらの因子がどのようにして働いているかを調べたところ、わかったのがBMPとの関係である。

中胚葉の腹側化を誘導する因子であるBMPは、外胚葉の神経分化を阻害することも知られている。これはBMPが外胚葉も腹側化し、神経ではなく表皮に分化させてしまうためと説明されている。ということは、逆にBMPのシグナルを阻害すれば神経がつくられることになる。そして神経を誘導するノギン、コーディン、フォリスタチンの性質を調べたところ、BMPに直接結合することがわかった。つまりこれらの因子がBMPの働きを抑えたから、神経が誘導されたということである。BMPは胞胚のころには動物極側に均一に分布しており、背腹による差は認められない。しかし、原腸胚になると腹側に局在するようになる。そして繰返すが、神経は、BMPがなく、ノギン、コーディン、フォリスタチンのある形成体領域によって誘導されるのである。

この知見で興味深いのは、外胚葉は放っておけば神経に分化するものであり、そこへBMPが積極的に働くから表皮が分化してくる、ということである。最初に神経誘導が見つかったころとは逆の考え方である（現象的には同じことだが）。しかし、神経誘導の研究はまだこれからであろう。表皮になるか神経組織になるか、ということで形成体の働きを説明してしまうのはいささか単純である。これが本当に「体軸をつくる」ことを満たす条件であるかどうかを決定するには、もう少し時間がかかりそうである。

アクチビンで器官をつくる

アクチビンが濃度依存的にさまざまな組織を誘導することはすでに何度も述べた。現在私たちは、アクチビンといくつかの生体内物質とで、アニマルキャップにさまざまな器官を誘導することを試みている。背腹の中胚葉のほかに、アクチビンとレチノイン酸で腎臓（前腎管）が、アクチビンとSCF（幹細胞因子）もしくはインターロイキンで血球ができる（図30）。

このことは実は組織や器官がどうやってできていくかということにアプローチする強力な武器となるのである。個々の器官ができるプロセスを胚の中で追っていくのはとてもむずかしい。しかし望みの器官を試験管内で自由につくれれば、器官形成にどのような因子がかかわり、どのような遺伝子が発現していくのかがはっきりとわかってくる。私たちは現在いくつかのモデル系をつくっており、さまざまな実験で器官形成の仕組みを解き明かそうとしている。ここではその例をいくつか紹介する。

まず、神経パターンについて。脊椎動物の中枢神経には脳から脊髄にかけて頭尾軸（前後軸）に

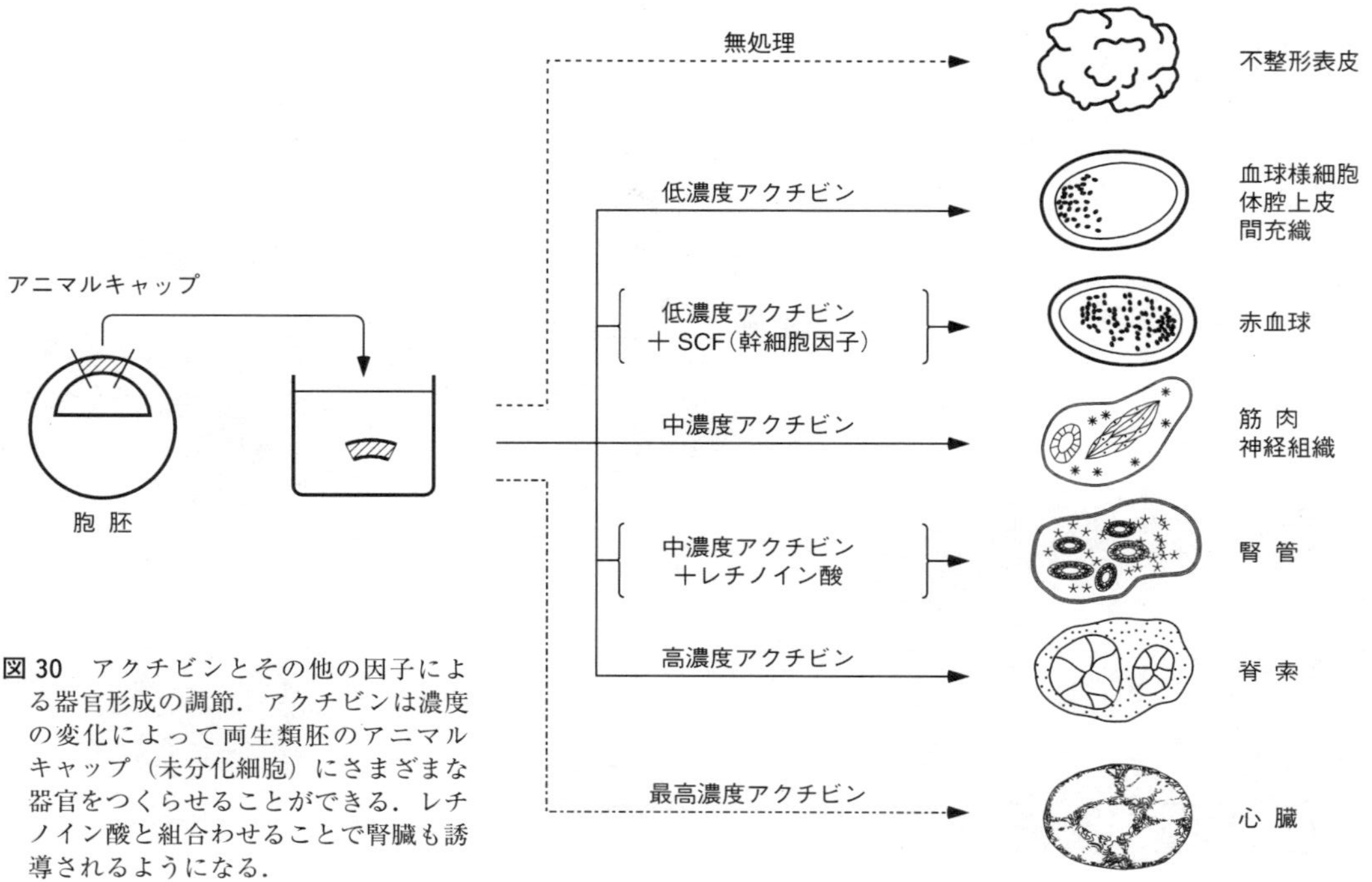

図 30 アクチビンとその他の因子による器官形成の調節．アクチビンは濃度の変化によって両生類胚のアニマルキャップ（未分化細胞）にさまざまな器官をつくらせることができる．レチノイン酸と組合わせることで腎臓も誘導されるようになる．

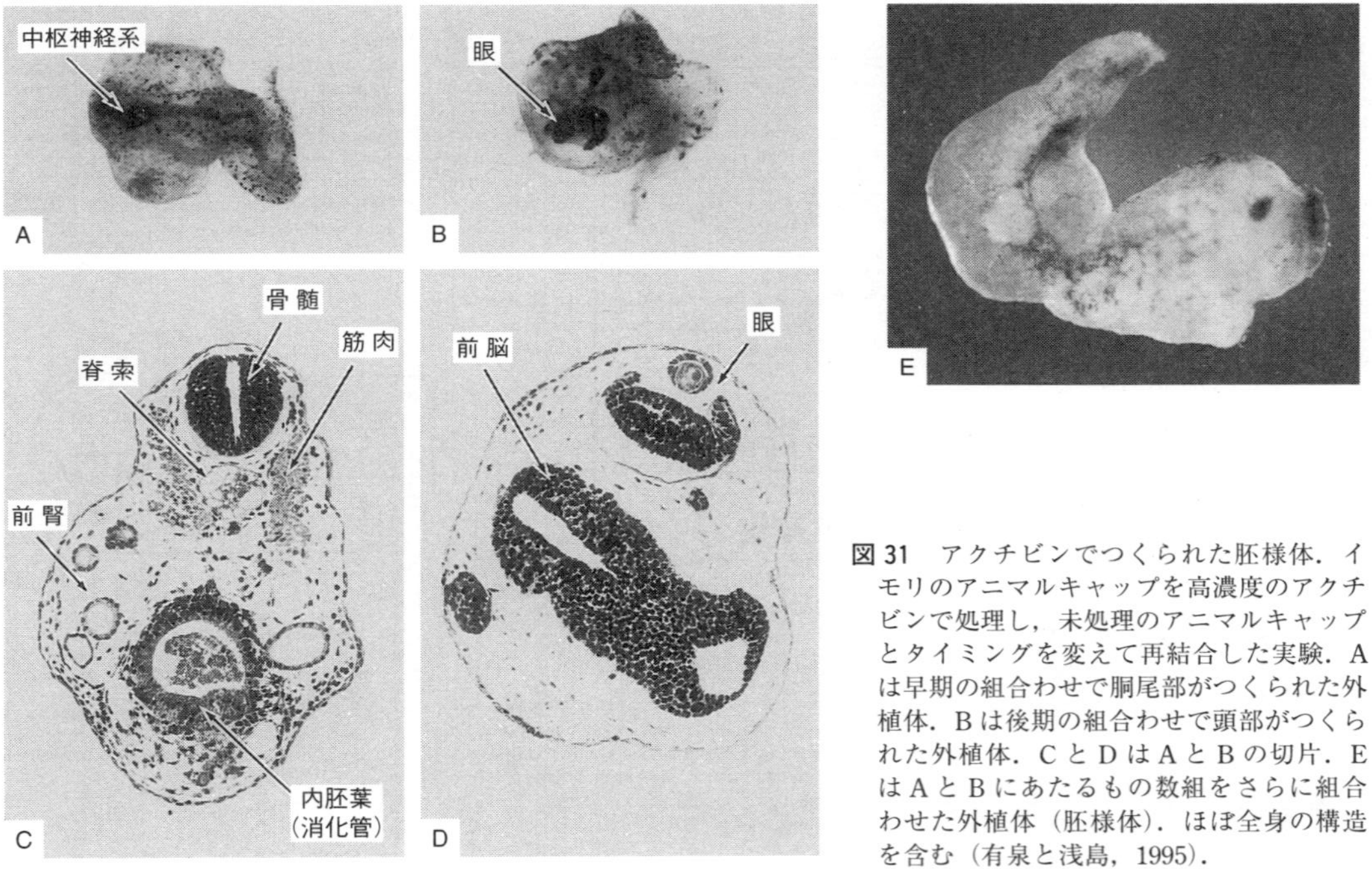

図 31　アクチビンでつくられた胚様体．イモリのアニマルキャップを高濃度のアクチビンで処理し，未処理のアニマルキャップとタイミングを変えて再結合した実験．Aは早期の組合わせで胴尾部がつくられた外植体．Bは後期の組合わせで頭部がつくられた外植体．CとDはAとBの切片．EはAとBにあたるもの数組をさらに組合わせた外植体（胚様体）．ほぼ全身の構造を含む（有泉と浅島，1995）．

沿った極性が存在する。このパターンがどのようにつくられているのかを試験管内で再現することを試みた。

オットー・マンゴルドは、形成体の作用を調べるために次のような実験をした。まず、初期原腸胚の形成体を、同じ時期の胚の腹側に移植したところ、誘導された二次胚には、胴尾部しかなかった。しかしこの形成体が、陥入して胚の前方まで達したときに別の胚に移植したところ、脳などの前方の神経を含む二次胚が誘導された。このことから、形成体が前方の構造を誘導するには、形成体そのものが成立してから、一定の時間が必要なのではないかと考えられた。

このことを確かめるために、私たちはアクチビンでつくらせた形成体を使って次のような実験をした（図31）。まずイモリ胚のアニマルキャップを切出して一定時間アクチビンとともに培養した。こうしてできた形成体を短い時間、あるいは長い時間アクチビンなしで培養し、別のアニマルキャップと結合して培養してみたのである。その結果、アクチビン処理後の培養が短時間のものと培養した外植体には胴尾部が、長時間のものと培養した外植体には頭部がつくられた。したがって、仮説が正しいことが証明された。

そして、これをみて私たちは、アクチビンで全身のパターンをつくれるのではないかと考えたのである。時間を変えて培養した外植体をさらに組合わせてみた。すると、頭も尾もある胚らしきものができ上がった（図31E）。これはつつけば動いた。この胚様体には正常胚に含まれるほとんどすべての組織が存在し、胚の中とまったく同様に配置されている。このことはアクチビンで完全な形成体をつくることができ、正常胚と同じように形態形成の中心として働いたことを示している。アニマルキャップは何がしかの情報をもった細胞塊で、まったく決定を受けていないと考えることはできないが、少なくとも何らかの作用を受けない限り組織を分化できない。このような細胞塊の中で空間的に正しく器官がつくられたことはきわめて重要である。アクチビンという単一の分子によって器官形成と体軸形成をなしえたことは、発生過程におけるアクチビン、もしくはそれによく似た中胚葉誘導因子の重要性を示唆している。

現在までに私たちは、アニマルキャップに数多くの器官をつくらせる条件を見つけている。アクチビンの濃度を変えたとき、低い濃度なら腹側の中胚葉、高ければ背側の中胚葉ができる。そして、最近わかってきたことは、さらに高い濃度にしてやると、内胚葉の器官ができることである。外植体の中には初期胚の内胚葉細胞と同様に卵黄を多く含んだ組織が含まれ、内胚葉マーカーを発現する。そして時に膵臓、肝臓、消化管などが含まれる。つまり、高濃度のアクチビンは内胚葉誘導を行うことができる。心臓は内胚葉との相互作用で形成される中胚葉器官であるが、イモリのアニマルキャップに高濃度のアクチビンを与えるとつくられ、まるで摘出した心臓のように試験管の中で拍動する。

このことは、胚の中で実際に形成体が誘導されていく仕組みについてのヒントを与えてくれる。胚で形成体を中胚葉誘導するニューコープセンターは、おそらく背側決定因子と同じかすぐ近くの植物半球に位置する。そして、アクチビンは非常に濃くすれば内胚葉組織を誘導する。このことか

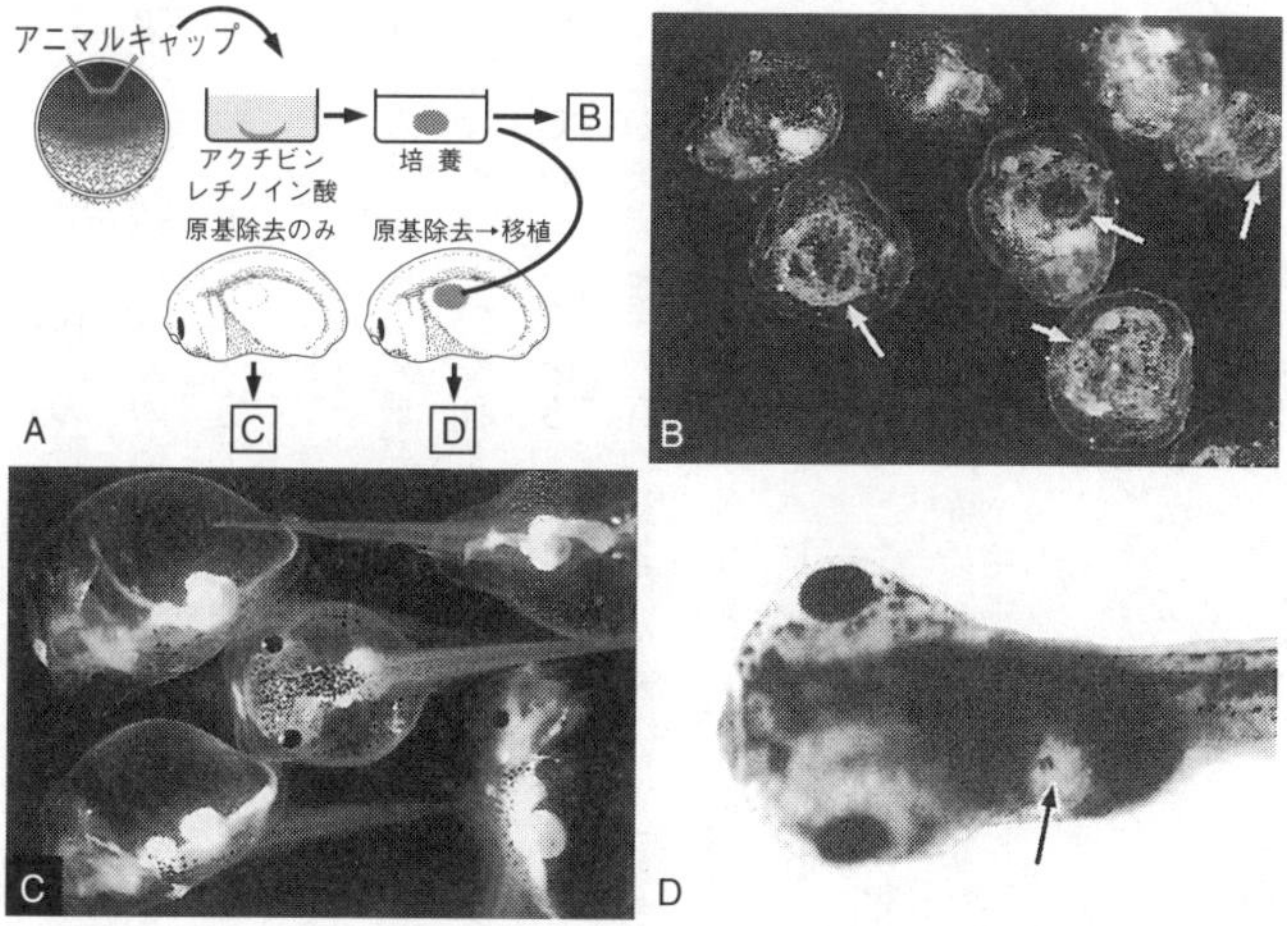

図 32　アクチビンでつくられた腎臓の移植実験．アニマルキャップをアクチビンとレチノイン酸で3時間処理し，これをさらに17時間培養する．この培養片を予定腎臓領域を除いた正常な尾芽胚に移植した．この胚は正常と同様に成長し，1カ月間生きた（D）．腎臓の予定領域を除いただけの胚は死亡した（C）．Bは培養4日目の外植体．矢印は前腎管を示す．

ら、初期胚では蓄積したアクチビンが植物半球に内胚葉を誘導し、これが赤道領域に中胚葉を誘導するのではないか。そしてニューコープセンターはアクチビンと背側決定因子が重複したところにできるというモデルはどうだろうか。

最後にとても重要なこととして、私たちがつくっている試験管内でつくった人工の器官や組織について、どれだけ生体のものを再現できているかについて述べたい。見た目が似ているだけでは、モデルとして成り立たないからである。

私たちは、一定量のアクチビンとレチノイン酸でアニマルキャップを処理し、腎臓をつくることができる。

アクチビンとレチノイン酸でつくられた外植体の腎臓は、内部に正常な腎臓と同じ組織をもっている。そして生体内の腎臓と同じマーカー遺伝子を発現する。しかし、このようにしてつくられた腎臓は、腎臓としての機能を発揮できるのだろうか。そこで、移植実験を行ってみた（図32）。まず、アニマルキャップをアクチビンとレチノイン酸で処理し、対照胚が尾芽胚になるまでの時間培養する。そしてこれを、腎臓の予定領域を除いてしまった正常な尾芽胚に移植したのである。この胚は正常な胚と同様に成長し、オタマジャクシとなって一カ月間生きた。腎臓の予定領域を除いただけの胚は腎臓をつくれずに九日以内で全部が死んだ。つまり外植体でつくった腎臓は、正常な機能をもっていたのである。

この実験結果のもつ意義は大きい。まず、正常な腎臓の形成に必要な条件がわかった。そしてアクチビンとレチノイン酸で処理した直後にアニマルキャップで発現した遺伝子を調べれば、腎臓に分化する鍵となるマスター遺伝子を捕まえることができる。そして経時的に遺伝子を調べていけば、どのような分子がいつどこでつくられるかという遺伝子の連鎖を追うことができる。ここで捕まえた遺伝子は哺乳類と共通である可能性もあり、そうすればヒトの腎臓形成遺伝子をとることもできるかもしれない。

おわりに

シュペーマンが形成体を発見したのはなんと一九二四年のことである。多くの研究者が誘導の仕組みを知りたいと思い、誘導因子をとろうとし、そのまま長い月日がたった。ところが現在この現象が分子の言葉で語られるようになった。すべてが分子生物学の技術のおかげといってよい。この章で述べたことを、整理してみよう。実際には見つかっていない因子がまだまだ多数あるだろうが、わかっている範囲でできるだけ簡単にまとめる。

・卵の中には受精の直後に背腹の偏りができる。これを担っている可能性があるのはウィント、BMPなど。

・植物半球はみずからもっている高い濃度のアクチビンに誘導されて内胚葉を分化する。

・内胚葉は帯域の細胞に中胚葉誘導を行う。この結果帯域に腹側中胚葉と背側中胚葉ができる。これを行うのがbFGF、アクチビン、Vg1、ノーダルなど。

・背側中胚葉は形成体となり、予定外胚葉に神経誘導を行う。これを行うのがノギン、コーディン、フォリスタチンなど。これらが働かなかった細胞は、BMPの作用で表皮に分化する。

これらのことはすべて一九九〇年以降にわかったことである。筆者らはそのちょっと前まで、フナのウキブクロからごっそりタンパク質を取出して中胚葉誘導の活性がある、と喜んでいた。それを考えると、信じられないほどの進歩の速さである。しかし、これと同時にかつては想像もしなかった疑問がわき出ており、混乱が増している感さえある。誘導にかかわる主要メンバーが、今から数年の間にそっくり入替わっているということも起こるかもしれない。特に神経誘導はまだスタート地点に立ったばかりである。

いま一番むずかしいと思っていることは、やはり、「どうして違う濃度の因子で違う組織ができるのか」ということである。おそらく、どれだけの数のレセプターがシグナルを伝えてくるか、ということが最初の問題になるのだろうが、そこから先がまったくわからない。これを明らかにしていくには、シグナル伝達にかかわる分子をすべて洗いだし、それぞれがどのように機能していくかを調べなくてはならない。これには少し時間がかかるだろう。また未分化細胞（アニマルキャップ）を用いての試験管内での器官形成は、再生科学として大きな展開をしている。

誘導現象の研究はまだまだ宝の山である。これから先どれだけのことがわかってくるか、非常に楽しみである。

4章　形づくりの基本ルール

――生き物の形づくりをつかさどる遺伝子

西駕秀俊

西駕　秀俊（さいが　ひでとし）

一九四九年鳥取県米子市に生まれる。一九七二年東京大学理学部卒業。一九七七年東京大学大学院理学系研究科博士課程修了。三菱化成生命科学研究所発生生物学研究室、産業医科大学医学部分子生物学教室を経て、現在、東京都立大学大学院理学研究科助教授。理学博士。専門は発生生物学。

おもな著書は、『発生生物学の必須テクニック』（八杉貞雄との監訳）メディカル・サイエンス・インターナショナル（一九九五）。

小さい頃から、生き物を飼ったり、昆虫採集を通して生物に親しみをもっていたが、発生と遺伝子との関係に興味をもち、発生生物学をやってみようと思ったのは大学教養課程の頃。ただし、いろいろと回り道をして、そのような研究を開始したのは一九八七年頃。現在の興味は、「脊索動物の基本的な体づくりの仕組み」の解明。

趣味は蝶（特にミドリシジミの仲間に関心がある）。クラシック音楽を聴くこと。

われわれヒトをはじめとして、動物の体は一個の細胞である受精卵からつくられる。受精後しばらくの間は、卵とたいして変わらない形をしているが、やがてその動物の形が見えてくる。そして、最終的にでき上がってくる新たな個体は親と同じ形となる。動物の形はどのようにして親から子へと伝えられていくのだろうか。動物の形づくりに関する遺伝情報とはどのようなものだろうか。この疑問に答えることができるようになったのは、1章でも出てきたショウジョウバエのお陰である。ショウジョウバエを用いた研究から、動物の形をつくり上げる遺伝子の実像が明らかにされるようになったのである。ハエは節足動物であり、ハエの形づくりは、われわれ脊椎動物の場合とずいぶん異なって見える。にもかかわらず、ハエもわれわれも実はよく似た遺伝子をもっており、形づくりのうえでもよく似た戦略をもっていることが明らかにされつつある。ここでは現代の発生生物学に大きなインパクトを与えた動物の形づくりをつかさどる遺伝子にまつわる物語を紹介する。

動物の形をつくる遺伝情報とは

カエルの子はカエル ―― 発生と遺伝子

動物は、それぞれにその動物だとわかる形があり、親と同じ形をした子孫をつくる。したがって、さまざまな遺伝情報の一つとして「形に関する遺伝情報」があり、子孫に伝えられると考えられる。それは当たり前のことだと思われるだろう。しかし、動物の個体のできていく過程を思い出してみていただきたい（図33）。最初は、精子と卵が受精してできたたった一個の細胞、受精卵だ。これが受精後しばらくすると細胞分裂を始め、細胞の数を急速に増やしていく。細胞が十分に増えると、やがて胞胚とよばれる中空のボールのような形となる時期を経て、原腸形成期に入る。原腸形成期には、胚内の細胞の大々的な配置替えが起こる。カエルの卵の場合だと、胞胚の一部に原口（げんこう）とよばれる切れ込みができてくる。そして、この部分から、外側の細胞が内側へと移動する。内側に入り込んだ細胞群は胚を内側から裏打ちするようになり、胚の外側に残った細胞、内側の細胞、その間にはさまれた細胞、すなわち外胚葉、内胚葉、中胚葉の区別ができるようになる。やがて将来の背側の胚表面では、正中線に沿って両側からひだが寄って巻き上がり、正中線上で合わさって、中空の神経管ができ上がる。神経管のすぐ下では、脊索（せきさく）とよばれる体の心棒のような構造がつくられる。その両側には細胞が凝集して、体節とよばれる細胞の塊が前方から後方へ向かって次つぎにつくられて並んでいく。それぞれの体節からは、そのうち筋肉、真皮、脊椎骨がつくられていく。体節の下側には原腸がある。ニワトリや哺乳動物の場合だと、この後の5章でも述べられるように、シート状の内胚葉が筒状に形を変えて消化管となる。こうして原腸形成から神経形成の間に、動物の大まかな体制が決定されていくのである。このように動物の形づくりは、胚の中で生まれた多数の細胞が、全体として協調的に移動し、決まった形をつくり上げていく複雑な過程なのである。

　このような動物の形づくりについての情報とはどのようなものだろうか。その最初の質問として、情報はどこにあるか、考えてみよう。動物の出発点は一個の受精卵と考えてよいだろう。多くの動

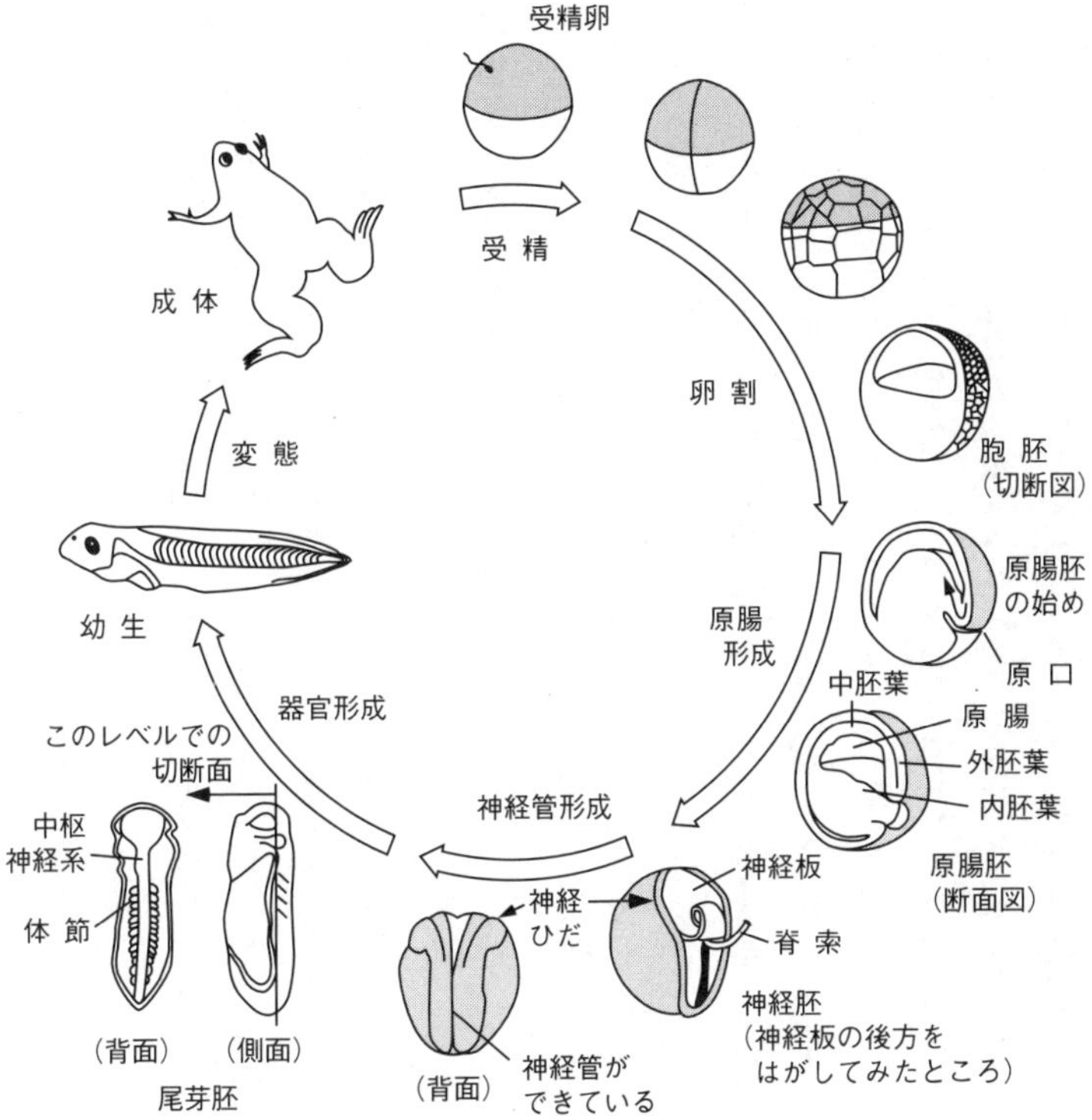

図 33 カエルの受精卵から成体ができるまで

物の発生をみると、受精卵は外界と隔離された状態で発生を進めている。したがって、受精卵の中に発生に必要なすべてが隠されているに違いない。卵の中には、この過程が円滑に間違いなく進むような仕組みが隠されているはずである。その仕組みとはどのようなものであろうか。卵の中には、核と細胞質がある。普通の細胞でもどちらが主役ということはできないくらいそれぞれに重要な役割を果たしているわけだが、卵の細胞質にはさらに特別な舞台装置が仕組まれている。それが本書の主題であるが、ここでは発生のもう一つの主役である遺伝子にスポットを当ててみよう。

遺伝子とその発現

細胞の中には核があり、そこにはDNAがある。DNAは遺伝子の本体であるといわれるが、DNAすべてが遺伝子というわけではなく、その一部分が遺伝子として働いている。動物の場合、遺伝子でない部分の方がずっと多い。さて、遺伝子は何をしているのだろうか。遺伝子のなかにはリボソームRNA遺伝子のように最終産物としてRNAをつくるような遺伝子もあるが、ほとんどの遺伝子からは最終産物としてタンパク質がつくられ、遺伝子としての働きを表すことになる。遺伝子はタンパク質をつくるのである。

遺伝子からタンパク質がつくられる過程をながめてみる。遺伝子からは、まず、そのコピーであるメッセンジャーRNA（mRNA）がつくられる（転写という）。DNAの遺伝子部分には特別な配列があり、それらが目印となって遺伝子としての読み始めの位置と読み終わりの位置、すなわち転写の開始と終結の位置が指定されている。その目印に従って、転写開始に必要なタンパク質が集結し、転写開始条件が整うと、RNA合成酵素が遺伝子部分をmRNAとして読取る。遺伝子のコピーであるmRNAは核から細胞質へ移行する。移行する過程で、つくられたmRNAの一部分が取除かれたり、尻尾にアデニンが付け加えられたりする。細胞質に移行したmRNAはリボソームの上で翻訳される。mRNAの中には翻訳開始と終結の暗号があって、それに従って暗号の翻訳がすすむ。暗号は塩基三つの並びであり、翻訳開始、終結、二〇種あるアミノ酸のうちのどれか一つに対応している。遺伝子からmRNAに移し取られた暗号は、タンパク質に置き換えられていく。このように遺伝子がmRNAに読取られ、タンパク質がつくられ、そのタンパク質が働くことを「遺伝子が発現する」といっている。

遺伝子発現の調節

遺伝子の発現はいろいろなレベルで調節されている。どの細胞で、いつ、どれくらいの数のmRNA分子がつくられるか、そしていつタンパク質に翻訳されるのか、というようにいくつかのレベルで調節を受けている。mRNAは、多くの場合、合成されるとすぐにタンパク質の合成に使われるので、mRNAが読まれるかどうかが遺伝子の発現にとって最も重要なステップといってよいだろう。

遺伝子からmRNAが読まれるかどうか、すなわち転写が起こるか否かは、その遺伝子を支配する制御領域とそこに結合してmRNAの合成を調節するタンパク質（転写調節因子あるいは転写因子とよばれている）の働きにより決められる。遺伝子を支配する領域には、転写が開始される位置の少し前にあってRNA合成酵素に対して転写開始の位置決めを指令するプロモーターとよばれる領域と、転写の頻度を調節するエンハンサーとよばれる領域がある。エンハンサーは、転写開始位置決め領域の近くにあったり、少し離れた場所にあったり、遺伝子の周りのいろいろな場所にある。これらの調節領域にさまざまな転写因子が作用しあうことによって遺伝子の転写レベルでの調節が行われるのである。

遺伝子と発生のプログラム

さて、遺伝子というものはどれくらいあるのだろうか。最近、ヒトの全ゲノムの塩基配列の決定結果が発表されたが、それによると遺伝子の数は当初予想されていたよりはやや少なく、三万から四万くらいとされている。ちなみに大腸菌で五〇〇〇ぐらいである。1章で出てきたショウジョウバエでもすでにゲノムの塩基配列決定が終わっているが、遺伝子の数は約一万五〇〇〇、2章で出てきた脊索動物のホヤでも同じくらいだといわれている。現在ゲノム解析が進められているので、近々詳細が明らかになるだろう。このように多数の遺伝子があるわけだが、ほとんどの生物では、一つの細胞の中で、その中にあるすべての遺伝子が発現しているわけではない。われわれを構成している細胞の種類は約二〇〇あるといわれているが、それらの細胞は形や働きが違うだけでなく、発現している遺伝子の種類も細胞の種類ごとに異なっていると考えられている。もちろん、どの細胞も細胞として生きているわけであるから、細胞が生きていくうえで必須の遺伝子、たとえばエネルギーを得るための代謝に関係するような遺伝子はどの細胞でも働いている。しかし、それぞれの種類の細胞に特徴的な形質に関係するタンパク質は細胞ごとに違っている。たとえば、皮膚の細胞であればケラチンというタンパク質を大量につくっているし、筋肉細胞ならアクチンとかミオシンを盛んに合成している。では、それらの細胞にある遺伝子のセットはどうだろう。発生の過程を考えてみると、一個の受精卵から細胞分裂によってつくられてくるのであるから、同じはずだと考えられる。とすると、われわれを構成している細胞は、どれもが同じ遺伝子のセットをもっているが、そのすべてを使っているというわけではなく、細胞の種類ごとに特徴的な遺伝子のセットを使っていることになる。このことを差次的遺伝子発現といっている。

細胞の特徴に関係する遺伝子は、その細胞がアイデンティティー（個性）を獲得するときあるいは獲得したときに、はじめて発現が始まる。遺伝子が発現を開始するには、その遺伝子のプロモーター、エンハンサー領域に転写因子が集結することが必要である。転写因子は一つではなく、おそらく複数のものが必要であろう。転写因子もタンパク質であるので、それがつくられるためには当然その遺伝子が転写されることが必要で、そのときにはやはり転写因子による支配を受けているであろう。細胞の個性を示すような遺伝子の発現が始まるまでには、多数の転写因子をコードする遺伝子が、発生の過程を追って次つぎに働いていることが予想される。とすると、発生の初期に発現するような転写因子はその後の発生を進めるうえで大変に重要な役割を果たしていることになる。

発生の過程では、一個の受精卵に始まって、多数の異なる種類の細胞ができてくる。しかもただ違う細胞ができてくるだけでなく、それらの細胞は集まって組織を構築し、さらに器官を構成し、さらにそれが一定の空間的配置をとって個体として、その動物固有の形をつくり上げているのである。その過程では、多数の遺伝子がプログラムに従って時間的、空間的に制御されながら、働いているはずである。そのプログラムの実体は、どのようなものであろうか。

ショウジョウバエの形をつくる遺伝子

ショウジョウバエの形づくりの研究の先駆者たち

動物の形づくりのプログラムとはどのようなものか、それをいち早く垣間見せてくれたのは、ショウジョウバエを用いた研究だった。ショウジョウバエは一九二〇年代に近代遺伝学の泰斗モーガンによって生物学のモデル生物となった。ショウジョウバエは世代の時間が短く、交配も簡単で、研究室で何代にもわたって飼うことができた。簡単に飼うことができるというのは、実は研究対象動物として大切なことなのである（1章のコラム、一六ページを参照）。さて、多数のショウジョウバエを飼っていると、変わり者つまり変異体が出現することがある。これまでに多くの変異体が記載されているが、その中に動物の形が遺伝的支配を受けていることを納得させる貴重な変異体があった。一九九五年のノーベル医学生理学賞受賞者の一人ルイスが研究の対象としたバイソラックス変異体である。生き物はその形を決める遺伝情報をもっている、ということは誰もが無意識のうちに思っていただろうが、そんな遺伝子が本当にある、ということが目の当たりになったのは、ルイスの研究を代表とするショウジョウバエの形態に関する遺伝学的研究のお陰である。ルイスは今日のような遺伝子に関する解析技術がない時代に、ハエの交配と表現型の観察が中心の古典的な遺伝学の手法を使って、形づくりに関する遺伝子（遺伝子座）の研究を行ったのである。これからお話しする形づくりの遺伝子に関する研究成果は、実は古典的な研究の蓄積によって初めて得られたものであることを忘れてはならない。これらの仕事があったればこそ、一九八〇年代にポピュラーになった分子生物学的な技術をいち速く取入れることができ、先進的な成果がショウジョウバエの形づくりの研究から次つぎと産み出されたのだ。

同じく一九九五年のノーベル医学生理学賞を受賞したヌスライン－フォルハルトとヴィシャウスも、やはり分子生物学的技術がポピュラーになるより一足先に、初期発生で形態形成に異常をもつショウジョウバエ変異体の系統を集めるという仕事を開始して、形づくりをする遺伝子の解析の道をひらいた。ショウジョウバエにＥＭＳ（エチルメタンスルホン酸）という試薬を投与すると、その配偶子（生殖細胞）形成細胞のＤＮＡに突然変異が生じる。彼らは、そのような配偶子に由来するハエ一匹ごとの子孫について、その胚期における表現型を調べた。発生の初期に形態形成に異常が起こる変異体は、多くの場合発生の途中で死んでしまうが、こうすることにより、発生の途中で死んで、幼虫として生まれてくることのないような変異体についても調べることができたのである。彼らは、ショウジョウバエのゲノム全域にわたって、すべての遺伝子に変異を与えたと考えられるまで、変異体をとり続けた。予想もしない新しい表現型が次つぎに見つかり、毎日が驚きの連続だったそうであるが、その実験の労苦はいかほどか、想像を絶するものがある。ともかく、彼らの研究によってショウジョウバエの初期発生過程での形づくりに関係するほとんどすべての遺伝子が網羅されたと考えられている。ひとたび変異体の系統が得られれば、その変異の原因となっている遺伝子について解析をすればよいわけで、その後、多くの研究者の手により、個々の変異体の遺伝子の解析がなされ、ショウジョウバエの形態形成にはどのような遺伝子がかかわっているのか、そのおおよその流れが明らかにされたのである。

ショウジョウバエの形づくり——発生

遺伝子の話の前に、まずショウジョウバエの形態形成とはどのようなものか、その発生の様子をごく簡単にみておこう（図34）。ショウジョウバエの卵は産み落とされるときには、交尾によって雄から雌の生殖器官に移された精子により、受精する。卵細胞は、長さが約〇・五ミリメートルくらい、コリオンという殻で包まれ、楕円形をしているが将来の腹側となる方がやや丸みを帯びている。受精卵（今や発生が始まっているので以後は胚とよぶ）は、すさまじく速いペースで分裂を開始する。といっても、ショウジョウバエの受精直後の細胞分裂では、細胞の核だけがどんどん分裂して数を増し、細胞質分裂は起こらない（1章一七ページ参照）。ショウジョウバエの受精後の九回くらいの核分裂は、ほぼ九分間隔で同調的に進行する。このころから核は卵細胞の表層へと移動し始め、十三回の細胞分裂のころには、胚の表層全面に核が位置するようになる。ただし卵の後ろの方では、いち速く生殖細胞のもととなる極細胞ができる。極細胞にまつわる物語は1章で述べられているが、まさに「卵に隠された秘密」である。やがて核と核の間に細胞としての仕切がつくられ、胚の表面は一層の細胞で覆われることになる。この時期の胚を細胞性胞胚という（図34）。

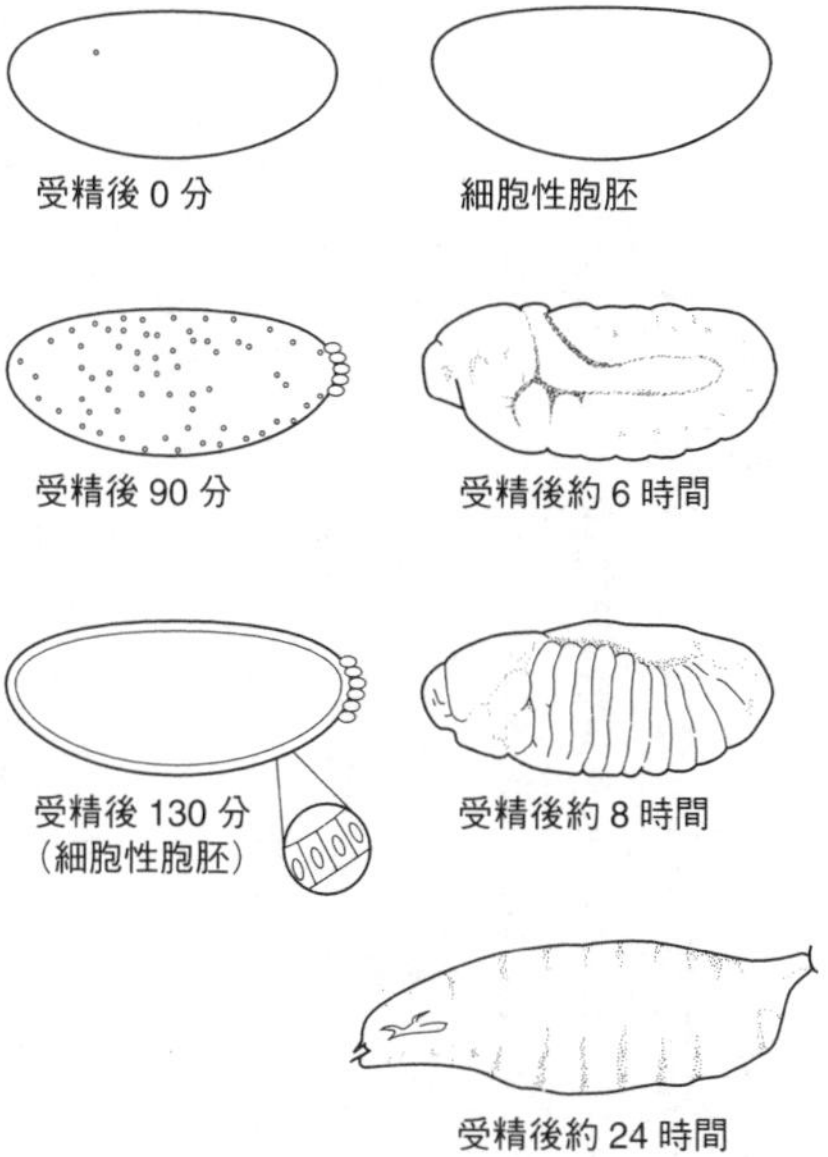

図34　ショウジョウバエの発生．左側の列；胚の断面の模式図．受精後1時間くらいまでは細胞質は分裂しないで核だけが分裂をする．胚の後ろの方では極細胞ができる．大部分の核が表面近くまで移動する．受精後約130分で細胞としての仕切ができ，表面が1層の細胞で覆われるようになる（細胞性胞胚）．

右側の列；胚の表面の模式図．細胞性胞胚；受精後130分．極細胞は省いてある．受精後約6時間；胚になる部分が最も長くなる時期．このころ体節のもとになる表面の溝ができ始める．受精後約8時間；胚はもとの長さにまで短縮する．体節が明瞭に認められる．受精後24時間で胚は孵化する．

細胞性胞胚になると腹側で正中線に沿って陥入が起こって中胚葉ができたり、胚の後と前の表面の細胞が内部に陥入して消化管をつくったりして、形づくりが始まる。1章の図4を参照されたい。このような形づくりが始まると、胚は卵膜の中で、背側に折れ曲がるようにして伸びていく。そして胚が最も長くなったころ、胚表面には、胚の前後軸に対して直交する方向に溝ができる。この溝は、伸びた胚がまた元へと短縮するにつれ、深く明瞭になっていく。この溝によってショウジョウバエ胚は前後軸に沿って並ぶ節に分けられることになる。この一節一節は、しだいに頭、胸、腹のそれぞれの部分に応じた個性をもった体節になっていく。その表面はクチクラでおおわれ、背側には短い毛が生え、腹側には歯状突起列とよばれる小さな棘(とげ)状の特徴ある表面の構造がつくられる。そして、腹側の歯状突起列は胸部と腹部では生え方のパターンが異なるし、また一つの体節の中でも前と後で列の長さが違っている。受精後約一日で胚は一齢幼虫として卵殻からはい出てくる。

ショウジョウバエの形づくりに働く三つの遺伝子グループ

このように、ショウジョウバエの初期の形態形成は、頭、胸、腹に分かれた体節ができる過程ということができる。この過程には、大きく分けて三つの遺伝子グループがかかわっていることがわかっている(表1)。前後、背腹の軸を決める遺伝子群(母性遺伝子)、体節をつくる遺伝子群(分節遺伝子)そして体節に個性を与える遺伝子群(ホメオティック遺伝子)の三つである。これ

表 1　ショウジョウバエの形態形成遺伝子．この章で取上げられている遺伝子には，カタカナまたは略号がつけてある．

形態形成遺伝子のグループ		代表的な遺伝子の例
母性遺伝子		*bicoid*　ビコイド *nanos*　ナノス *hunchback*　ハンチバック *exuperantia* *swallow* *torso* *toll*
分節遺伝子	ギャップ遺伝子	*Krüppel*　クリュッペル *hunchback*　ハンチバック *knirps* *giant* *tailless*
	ペアルール遺伝子	*even skipped*　イーブンスキップト *fushi tarazu* *hairy*
	セグメントポラリティー遺伝子	*engrailed* *hedgehog* *wingless* *patched* *smoothened* *gooseberry*　グースベリー
ホメオティック遺伝子		*labial* (*lab*) *proboscipedia* (*pb*) *Sex combs reduced* (*Scr*) *Deformed* (*Dfd*) *Antennapedia* (*Antp*) *Ultra bithorax* (*Ubx*) ウルトラバイソラックス *abdominal-A* (*abd-A*) *Abdominal-B* (*Abd-B*)

らの遺伝子が順に働くことによって、一個の卵細胞が体節をもった胚（幼虫）になっていくのである。

軸を決める仕組み——母性遺伝子による軸のセットアップ

軸を決めるのに働く遺伝子は、母性遺伝子とよばれている。この遺伝子の産物（タンパク質あるいはmRNA）は、卵細胞がつくられる過程で、卵細胞質の中にたくさんわえられる。複数の遺伝子が知られているが、遺伝子産物の分布や、働きは遺伝子ごとに異なっている。これらの遺伝子はその働きから、さらに四つのグループに分けられている。前方、後方、末端、背腹の形成に関係する遺伝子群の四つである。その中には卵の中の将来の前方だけに、あるいは後方だけにメッセンジャーRNAが配置されているような遺伝子があり、体の前と後あるいは背と腹といった軸をセットアップする。まさに「卵の秘密そのもの」という遺伝子である。

では卵の前後軸がどのようにして決められるのかを見てみよう。変異体の解析から前方の形成に関係する遺伝子としていくつかのものが知られているが、その中に前後軸の決定に中心的な役割を果たしているビコイドという遺伝子がある（表1）。この遺伝子の機能が損なわれると、前方の構造ができなくなってしまい、胚の大部分が腹部で占められてしまう（図35）。

ショウジョウバエの卵細胞は卵巣の中でつくられ、沪胞（ろほう）細胞や哺育細胞に取囲まれて、大きく育つ。ビコイド遺伝子のmRNAは、哺育細胞でつくられ卵細胞に送り込まれる。そのときビコイド

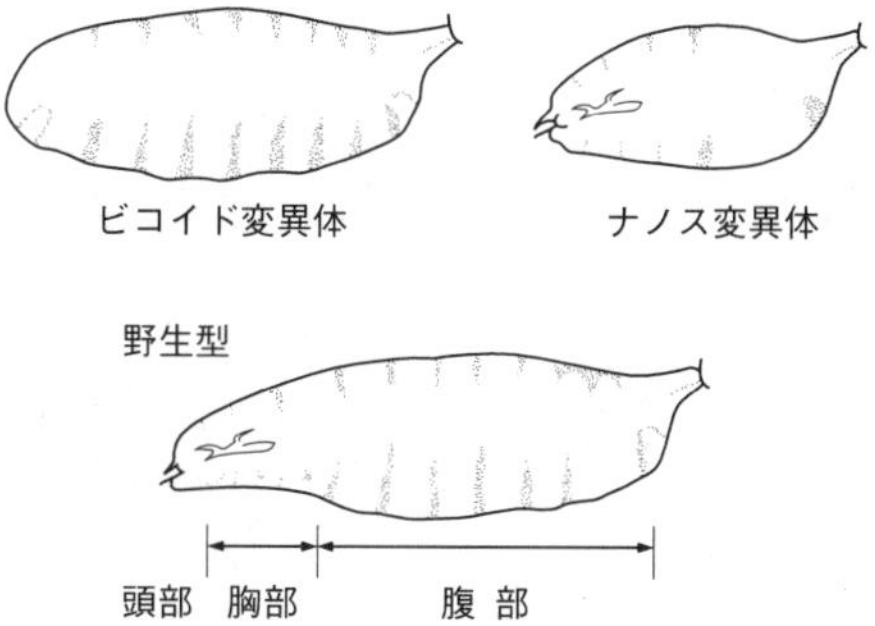

図 35　ショウジョウバエの形態形成遺伝子変異体．野生型胚と比較するとビコイド変異体では，胚の後方部分には異常はないが，頭部，胸部領域が欠失する．逆に，ナノス変異体では，胚の前方には異常はないが，腹部が欠失する．胚の頭部は胸部の前方にあるが，大部分は胚の内側に引っ込んでいるので一部しか見えていない．

遺伝子のmRNAは、卵細胞質全体に広がらず、卵細胞質の最前部に蓄積される（図36）。これには、ビコイドmRNAの中に特別な塩基配列があり、これが前方につなぎ止められるのに必要であること、卵形成の過程でいくつかの遺伝子が関係していること、などがわかっている。さて、卵が受精すると、卵細胞内でタンパク質の合成が開始される。ビコイドmRNAも受精とともにその翻訳が始まり、タンパク質がつくられる。このビコイドのmRNAは卵の前方だけに存在するので、翻訳もそこで起こる。しかし、ショウジョウバエの発生の始まりのころには、細胞としての仕切がないため、胚の前方で合成されたタンパク質は、拡散によってゆっくりと後方へ広がっていく。その結果、前方で濃度が高く、後方にいくに従って濃度が低くなるような勾配ができる（図36）。やがて胚の表層では、細胞の仕切ができ、胚は細胞性胞胚になる。すると、前方にある細胞ほどその中に含まれるビコイドタンパク質の量は多く、後方の細胞では少ないことになる。この

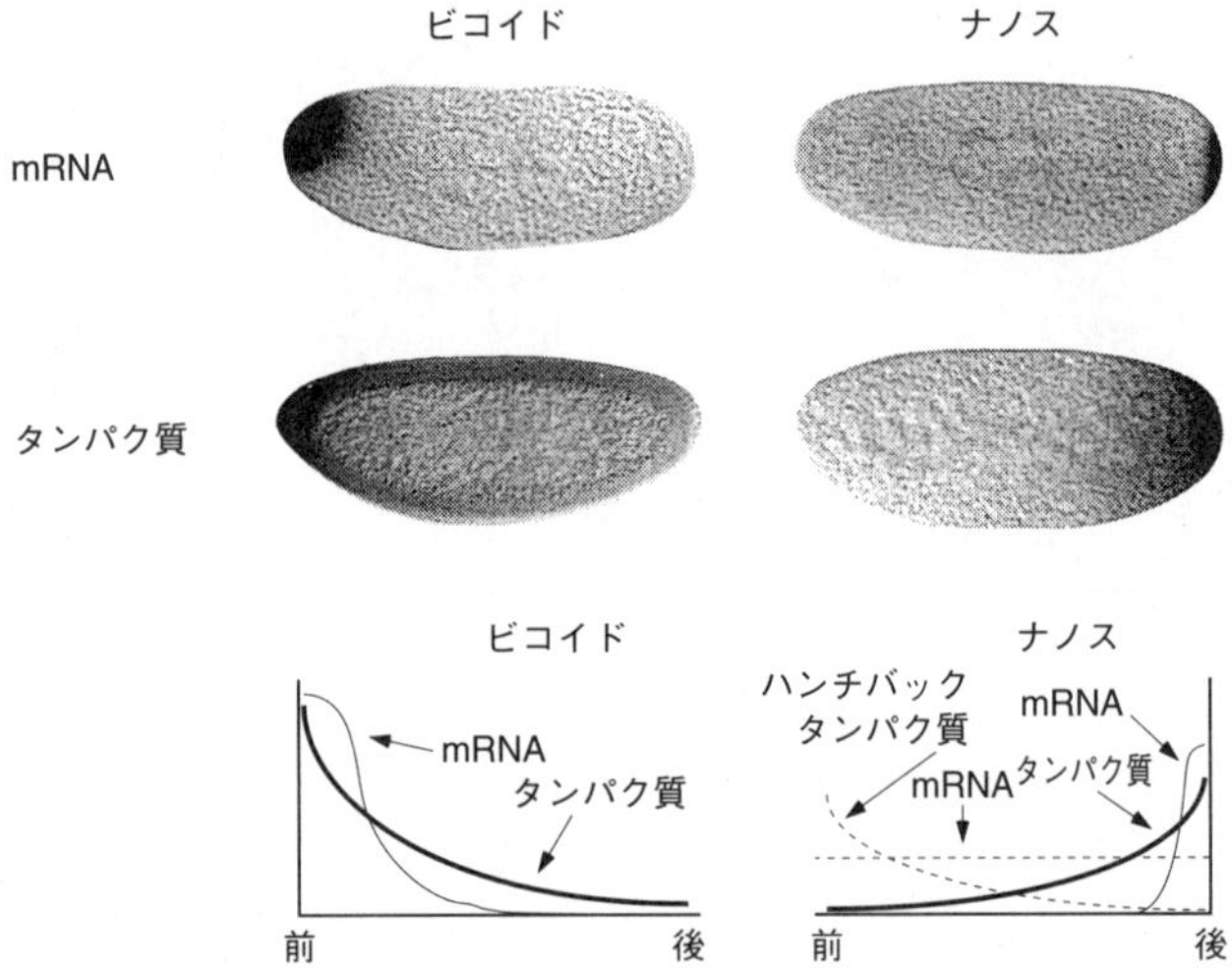

図 36　ビコイドとナノスの mRNA とタンパク質の分布．受精直後の mRNA の分布と受精後のタンパク質の分布を示す．左側ビコイド，右側ナノス．右側には同時に破線でハンチバックの母性 mRNA の分布とそれから翻訳されたタンパク質の量も示してある．

ことが前方あるいは後方らしさを決めるもとになる。「前方である」ためには細胞中にビコイドタンパク質がたくさんあることが必要なのだ。同様に卵の後方でも、後方を特徴づけるような遺伝子が働いている。そのなかで重要な働きをしているのはナノスという遺伝子である。この遺伝子が機能欠失すると腹部ができなくなる（図35）。ナノス遺伝子のmRNAも卵細胞がつくられていく過程で、卵の将来の後ろ側だけにつなぎ止められている（図36）。そしてこのナノスmRNAも受精すると、タンパク質への翻訳が始まる。そして、細胞性胞胚のころには、ナノスタンパク質は胚の後方の細胞では濃度が高く、前方にいくに従って濃度が低くなる。このようにして胚の前後を貫く軸に沿って、細胞は位置に応じて異なった量の、ビコイドタンパク質、ナノスタンパク質を受取ったことになる。

さてこれらの遺伝子は、どのような働きをしているのだろうか。まず、ビコイド遺伝子についてみると、この遺伝子の塩基配列の解析から、つくられるタンパク質は転写因子であることが明らかにされている（実はホメオボックスをもつタンパク質であるのだが、ホメオボックスについてはのちほど述べることにする）。ビコイドタンパク質は、すぐ後に述べる分節遺伝子のスイッチオンに働く。一方、ナノス遺伝子はRNA結合タンパク質をつくる。ナノスタンパク質は、ハンチバックという遺伝子（分節遺伝子の一つでもある）から卵細胞の形成過程でつくられたmRNAに結合し、そのmRNAが翻訳されるのを妨げる働きをする。卵細胞の形成過程でつくられたハンチバック遺伝子のmRNAは、卵細胞内に均一に分布している（図36）。このハンチバックのmRNAも受精が始まると翻訳され始めるが、ナノスタンパク質がハンチバックmRNAに結合するため、ハンチバックタンパク質は、卵細胞の後方では十分にはできなくなる（図36）。実はハンチバックタンパク質は転写因子であって、前方らしさを決めるのに働くことがわかっている。ナノスタンパク質の働きは、胚の後方に前方らしさをもちこませないことなのだ。ビコイドタンパク質、ハンチバックタンパク質は、ともに前方で多く、後方で少ないけれども、前後軸に沿った分布の仕方は両者で異なっている。このことが、次に働く複数の分節遺伝子が、前後軸に沿ってどこで発現するのかを決めることになる。

ここでは述べないけれども、母性遺伝子として働く遺伝子には、上述の前後領域の形成にかかわる遺伝子のほかに、前端部と後端部の形成にかかわるもの、背腹の形成にかかわるものがある。

分節遺伝子──体節をつくる三つの遺伝子群

分節遺伝子にも、複数の遺伝子が知られているが、それぞれに遺伝子に変異が起こり、その機能が欠失したときにどのような表現型になるかによって、さらにギャップ、ペアルール、セグメントポラリティーの三つのグループに分けられている。それぞれの遺伝子が機能欠失したときの表現型の代表的な例を図37に示した。これら三つのグループに入る遺伝子はそれぞれ複数知られている。どのような遺伝子があるかは表1（一四一ページ）に示してある。ギャップ遺伝子はすべて転写因子あるいは核内レセプター（細胞膜で細胞外からのシグナルを受取ったあと核に移行して転写因子として働くタンパク質）である。またペアルール遺伝子もすべて転写因子をつくる遺伝子あるいは転写の制御に働く遺伝子である。セグメントポラリティー遺伝子はバラエティーに富んでいて、転写因子をつくる遺伝子のほかに、細胞間のシグナル、あるいは細胞内でのシグナルの伝達にかかわるタンパク質の遺伝子が含まれる。これらの三つのグループの遺伝子が、順々に働いて母性遺伝子によってつくられた胚の中の情報に従って、胚を前後軸に沿って区切っていく。

ギャップ遺伝子はビコイドタンパク質、ハンチバックタンパク質によって活性化される。ここで重要なことは、それぞれのギャップ遺伝子の活性化に必要な条件（転写因子の量）は遺伝子ごとに異なっているということである。あるギャップ遺伝子はビコイドタンパク質とハンチバックタンパク質がともに多い細胞でのみスイッチオンとなるが、別のギャップ遺伝子は、逆に両方とも少ない場合に活性化される。また別のギャップ遺伝子はハンチバックタンパク質はたくさんあるがビコイ

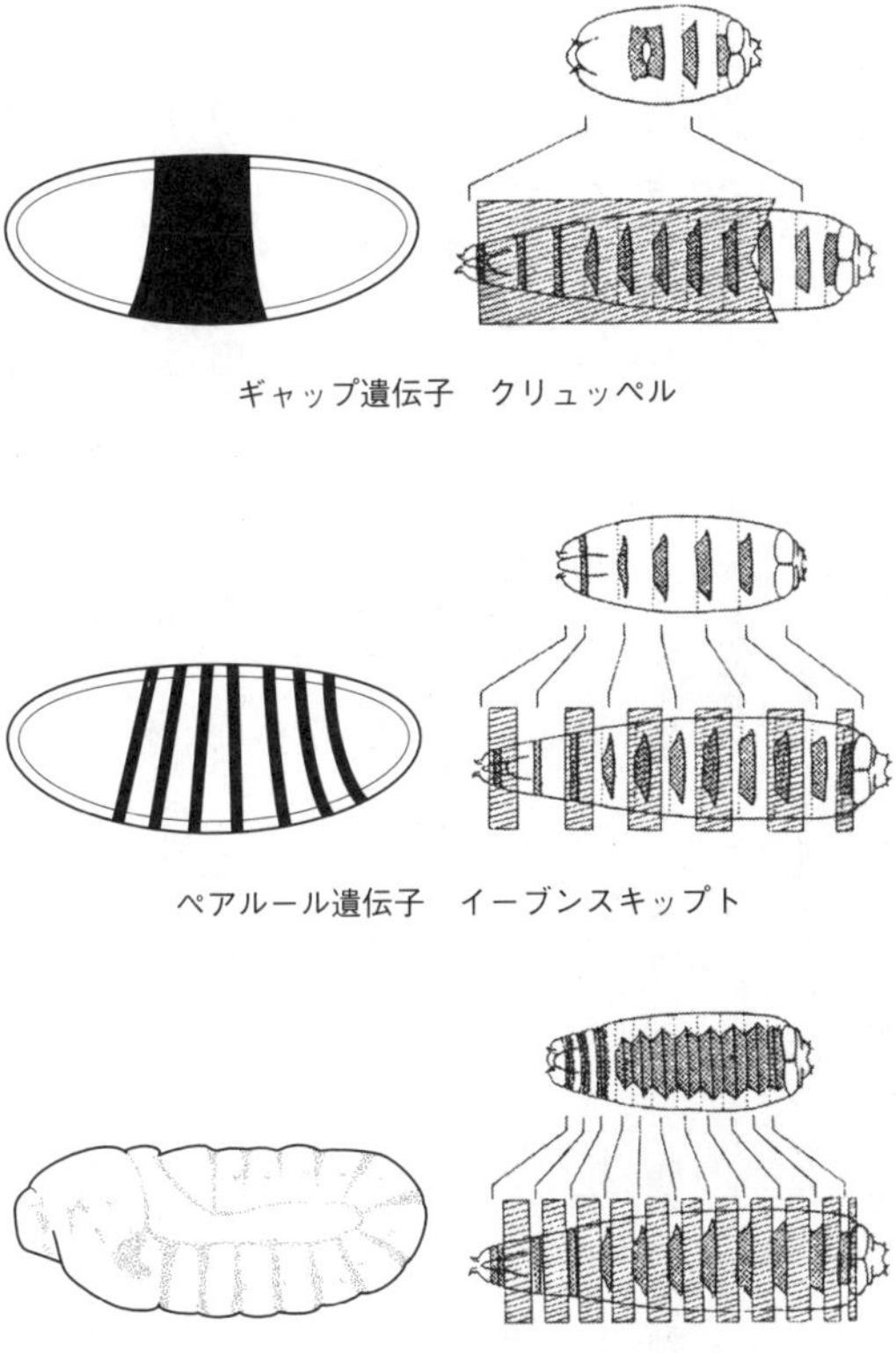

図 37　分節遺伝子の発現パターンと機能欠失変異体でみられる異常．ギャップ遺伝子のクリュッペル，ペアルール遺伝子のイーブンスキップト，セグメントポラリティー遺伝子のグースベリーの発現（mRNA がつくられている場所）と，機能欠失変異体で欠失が起こる胚の領域が斜線で示してある．

ドタンパク質は少ない細胞で活性化される、といったふうに、胚は細胞性胞胚期のころに五つのギャップ遺伝子が胚の前後軸に沿ってそれぞれ異なった領域で発現することになる。つまり、胚は五つのギャップ遺伝子の発現領域で分けられたことになる。そしてギャップ遺伝子からつくられるタンパク質は転写因子であるので、胚は前後軸に沿ってさらに複雑な転写因子の分布をもったことになる。

次にペアルール遺伝子とよばれる遺伝子群が働く。それぞれのペアルール遺伝子の発現には、ギャップ遺伝子からつくられた転写因子がかかわっているため、転写調節はギャップ遺伝子の場合よりずっと複雑なものになっているが、ペアルール遺伝子は胚の前後軸に沿って七つのストライプ状に発現をする。ストライプのできる場所は、ペアルール遺伝子ごとに微妙に異なっている。

そして次にセグメントポラリティー遺伝子がさらに細かく胚を前後軸に沿って塗り分けていく。セグメントポラリティー遺伝子も複数あり、それぞれ十四本のストライプ状に発現する。どこにストライプができるかは、ペアルール遺伝子の場合と同様に、セグメントポラリティー遺伝子ごとに異なっている。セグメントポラリティー遺伝子には、転写因子を指令する遺伝子のほかに、細胞と細胞とのコミュニケーションに働くタンパク質を指令するものもある。セグメントポラリティー遺伝子が働くことにより、前後軸に沿って胚には十四の繰返しのパターンが確立され、表面には浅い溝が見えるようになる。これが体節のもととなる。一つ一つの体節の中にも、セグメントポラリティー遺伝子によって体節の中の前方らしさと後方らしさがつくられる。完成した体節にはクチクラパターンにみられるように体節ごとに前後がはっきりとしているのだ。そして胚全体が前後軸に沿って短縮を始めると、浅い溝は深いひだに変化していく。こうして体節ができ上がる。こうしてつくられた体節は、成虫でみられる体節に一致している。

ホメオティック遺伝子 —— 体節の個性化に働く遺伝子群

できてきた体節が体のどの部分のものであるか、体節に個性を与えるのがホメオティック遺伝子である。ホメオティック遺伝子にもいくつかのグループがあるが、ここで中心的な働きをするのは、八つのホメオティック遺伝子である（表1、一四一ページ）。

これらのホメオティック遺伝子には興味深い特徴がある。まず、八つのホメオティック遺伝子はすべて転写因子をコードする遺伝子であるということ。そして染色体の上の比較的狭い領域（狭いといっても長さにして数十万塩基対の長さがある）に並んで存在している（図38）。発現の領域を調べてみると、染色体上での並び方と良い相関があることがわかった。すなわち、図38の中で、左側にあるホメオティック遺伝子ほど、おもな発現の領域は前方に、逆に右側にあるものほど後方に偏っている。これらのホメオティック遺伝子は胚の前後軸に沿って少しずつずれて発現をする。このことが前後軸に沿った領域の違いを決定しているのであろうと考えられている。どの体節にも、体表を構成するクチクラがあり、その内側には筋肉がある。が、それらは体のどの部分の体節であるかによって、クチクラの形も異なっているし、筋肉の走行パターンも違っている。ホメオティッ

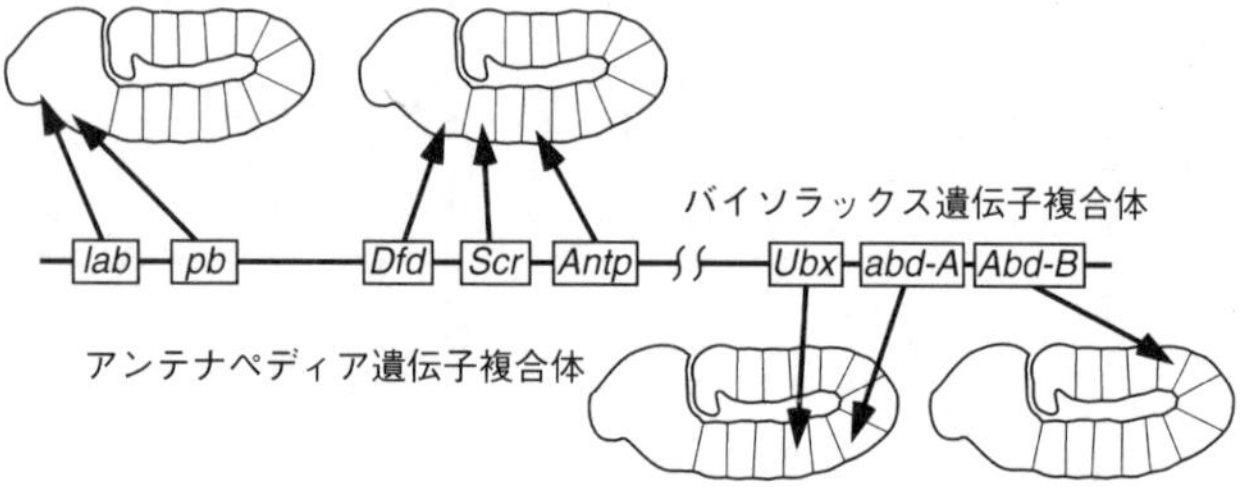

図 38　ホメオティック遺伝子の染色体での並び方と発現領域．（略号は表 1，p.141 参照）ショウジョウバエの八つのホメオティック遺伝子はすべて第 3 染色体の上にアンテナペディア複合体，バイソラックス複合体として集まって存在している．それぞれの遺伝子のおもな発現領域を示している．

ク遺伝子はおそらくクチクラ、筋肉をはじめ、多数の体節を構成するパーツをつくる遺伝子を制御していると考えられている。ホメオティック遺伝子が場所ごとに少しずつ異なった発現の仕方をすることにより、場所ごとの形態の違いを生み出していると考えられている。

ホメオティック遺伝子とホメオティック変異

この遺伝子に変化が起こったらどのようになるか、その例をあげておこう（図39）。これはウルトラバイソラックスという遺伝子の機能欠失変異体である。この変異体では胸の後ろの部分で本来発現しているウルトラバイソラックスという遺伝子の発現がなくなったために起こった変異である。昆虫の胸部は前胸、中胸、後胸の三つの体節からできている。そしてそれぞれが特有の形態を備えている。たとえば、それぞれの体節には、固有の形をもった足があり、中胸部には、ショウジョウバエの場合には、一対の羽があり、後胸部には平均棍（こん）というハエが飛ぶときに安定を保つための小さな棍棒（こんぼう）のような構造がある。ところが、ウルトラバイソラックス変異体では、前胸、中胸に異常は認められないが、後胸部に異常が認められる。後胸部には本来平均棍があるはずだが、中胸部にあるはずの羽が生えている。しかし、後胸部に羽が生えたというより、そのほかの構造、足とか背側に生えている毛のパターンなど全体の形からみて、後胸部がそっくり中胸部に置き換わっているようにみえる。このように体のある部分が別の部分に置き換わったような変異をホメオティック変異とよんでいる。

ルイスが研究していたのは、中胸部から腹部にかけて見られるホメオティック変異とそれにかかわる遺伝子についてであった。ルイスは、バイソラックス遺伝子複合体がのっている部分が欠失した染色体をもつ胚では、中胸部より後の体節がすべて中胸部の個性をもつことを見いだした（このようなハエは胚の間に致死となって生まれてこないが、もし仮に生まれたとすると中胸部以下すべての体節に羽、足の生えた生物となるはずだ）。さらに、ルイス

図 39　ホメオティック変異体．ウルトラバイソラックス変異体（上図）と野生型のショウジョウバエ（下図）．野生型の個体では中胸部に1対の羽がはえている．後胸部には，羽はなく，1対の平均棍という虫ピンのような形をした構造がある．ウルトラバイソラックス変異体では，後胸部が中胸部に置き換わったようにみえる．

は腹部の形態に関する変異体についての遺伝学的な解析を行い、次のような仮説を提示した……バイソラックス遺伝子複合体には、中胸部以下の体節の数に対応する数のホメオティック遺伝子が存在し、「中胸部らしさ」が、それより後方の体節で現れるのを抑える働きをする。また、それぞれのホメオティック遺伝子は、それぞれに決まった体節より後方のすべての体節で発現をする。したがって、後方の体節ほどより多くのホメオティック遺伝子が発現しており、前方の体節の特徴が発現するのを抑えている。あるホメオティック遺伝子に変異が起こって機能が失われると、そのホメオティック遺伝子が発現していた最前方の体節は、それより一つ前方の体節におけるホメオティック遺伝子の発現のパターンと同じになる。したがってその体節は一つ前の体節の個性を獲得することになる……ルイスはこのように考えたのである。

この仮説は、本質的には正しかったといってよい。現在では図38のように、バイソラックス遺伝子複合体には三つのホメオティック遺伝子が並んで存在することがわかっている。三つしかホメオティック遺伝子がないというのはルイスの仮説と合わないのではないか、と思われることだろう。しかし、これら三つの遺伝子のまわりには複数の転写調節領域があって、ホメオティック遺伝子は、時間的にも、空間的にも、複雑な調節を受けていることがわかっている。実は、ルイスによってマップされた変異の位置は、そこに変異が起こると、ある特定の体節で、ホメオティック遺伝子の発現パターンが変わってしまうような制御領域であったのである。ルイスの仮説は大筋では正しいものであったと考えられている。

動物の形づくりに共通して働く遺伝子——ショウジョウバエから脊椎動物へ

ホメオボックスの発見

ルイスの仮説が発表されたころは、ちょうど分子生物学の技術革新が始まろうとしたときでもあった。遺伝子クローニングの時代の幕が開くと、ルイスの仮説に触発されたショウジョウバエの研究は、新しい技術を取込んで、すさまじい勢いで進展することになった。ホメオティック遺伝子、それを含む染色体の領域のクローニングはスイスの研究グループと米国の研究グループによって行われた。その過程で見いだされたのがホメオボックスである。

ホメオボックスは、いくつかのホメオティック遺伝子の塩基配列を決定している過程で発見された、遺伝子の中の小さな領域である。ショウジョウバエの八つのホメオティック遺伝子により指令されるタンパク質のアミノ酸配列を比べてみると、非常によく似た配列があることがわかる（図40）。その部分はアミノ酸六〇個からなる。一つのアミノ酸はDNAの塩基三つの並びにより決められているので、遺伝子の中では、その部分は長さにして一八〇塩基対（塩基対：DNAの長さの単位）ということになる。この部分がホメオボックスだ（塩基配列の一部をさすのに、分子生物学の用語では、しばしば何々ボックスという）。ホメオボックスは、ホメオティック遺伝子の塩基配列の中で保存された配列として発見されたので、ホメオの名前が冠せられたのである。最初の論文報告は一九八四年のことであった。

```
Antp  PLYPWMRSQFGKCQ  RKRGRQTYTRYQTLELEKEFHFNRYLTRRRRIEIAHALCLTERQIKIWFQNRRMKWKKEN  KTKGEPGSGGEG
lab   SGSGLSSCSLSSNT  NNS--TNF-NK-LT---------------------NT-Q-N-T-V----------QKKRV  -EGLI-ADILFT
pb    GDNSITEFVPENGL  PR-L-TA--NT-LL---------K--C--------AS-D-----V-V--------H-RQT  LS-TDDEDNKDS
Scr   RVHLGTSTVNANGE  T--Q-TS----------------------------------------------------H  -MASMNIVPYHM
Dfd   VAGVANG-YQPGME  P--Q-TA---H-I--------Y--------------T-V-S-----------------D-  -LPNTKNVRKKT
Ubx   QYGGISTDMGTNGL  -R-------------------TNH---------M---------------------L---I  QAIK-LNEQEKQ
AbdA  RVVCGDFNGPNG-P  -R--------F------------H-------------------------------L---L  RAVK-INEQARR
abdB  TPN-GLHEWT-QVS  VRKK-KP-SKF---------L--A-VSKQK-W-L-RN-Q-----V----------N--NS  QRQANQQNNNNN
```

図 40　ホメオドメイン．ショウジョウバエの八つのホメオティック遺伝子により指令されるタンパク質のアミノ酸の部分配列が並べてある（アミノ酸は一文字表記）．一番上のアンテナペディア（*Antp*）と同じアミノ酸は－で示してある．囲まれた配列はホメオドメインで，ホメオボックスに対応する．

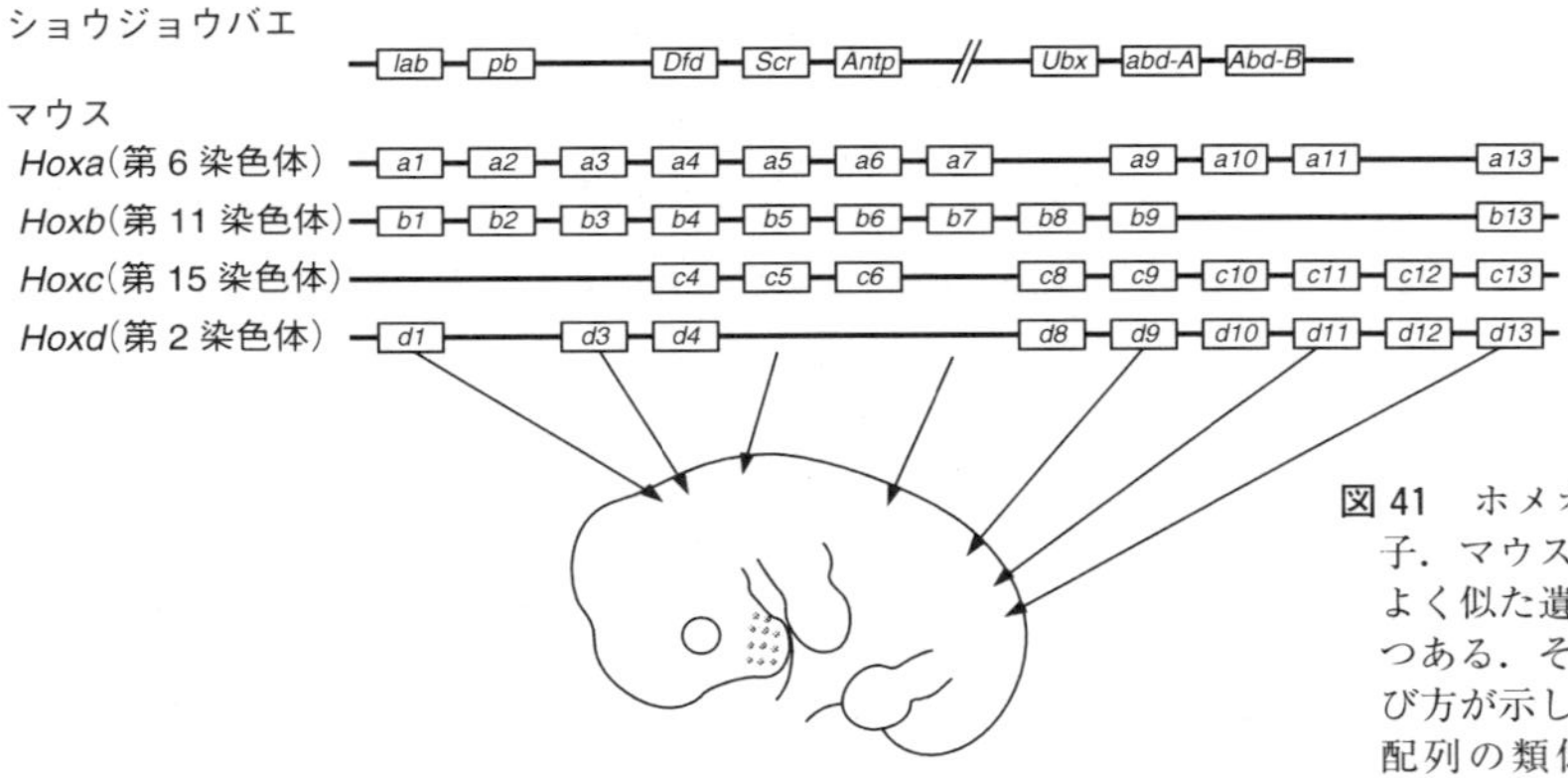

図 41　ホメオティック遺伝子と *Hox* 遺伝子．マウスにはホメオティック遺伝子とよく似た遺伝子が集まっている場所が四つある．それぞれの場所での遺伝子の並び方が示してある．それぞれの遺伝子は配列の類似性をもとにして，13 のグループに分けられている．また，それぞれのグループの遺伝子がマウス胚でおもにどこで発現しているのかが示してある．

ホメオボックスはホメオティック遺伝子に共通する配列として見いだされたのだが、すぐにペアルール遺伝子にもホメオボックスが見いだされた。さらに、ホメオボックスを発見したスイスのゲーリング研究室の隣のデ・ロバーティスの研究グループがツメガエルにもホメオボックス配列を見いだした。この発見は大方の発生生物学者にとって衝撃であった。脊椎動物と節足動物は、体制も異なるし、発生のしかたも相当に異なっている、という印象をもって受取られていたからである。しかし、ショウジョウバエの形態形成に直接的にかかわる遺伝子の間で保存されている遺伝子の一部分が、脊椎動物にもあることがわかったわけで、このことは多くの研究者を興奮させた。興奮はさらに続いた。脊椎動物にも節足動物にもあるなら、いったいどこまでホメオボックスはあるのだろうか。答はすぐに出された。ほとんどすべての動物にあるらしいと。

それからは、既知のホメオボックスとの類似性をたよりとして、いろいろな動物でホメオボックスをもつ遺伝子が報告されるようになった。そしてこの報告が出されたころには、遺伝子クローニングをはじめとする分子生物学的技術は特別なものでなくなり、どの研究室でも容易にできるようになったこともあって、それまで遺伝学的な方法で解析していた遺伝子をクローニングしてみたら、ホメオボックスをもつ遺伝子（以下ホメオボックス遺伝子という）であることがわかったというように、多数のホメオボックス遺伝子が報告されたのである。

ホメオボックス遺伝子からつくられるタンパク質の性質

ところで、ホメオボックスによってコードされるタンパク質の部分（これをホメオドメインという）が広く保存されているというわけだが、どのような機能をもっているのだろうか。実は、この部分は発見の当初から、ファージ（バクテリアを宿主とするウイルス）のタンパク質で知られていたヘリックス・ターン・ヘリックスというDNAに結合するモチーフと類似の構造をつくるのではないかと予想されていた。またホメオボックス遺伝子からつくられるタンパク質は、この部分でDNAに塩基配列特異的に結合することも明らかにされた。最終的には、ビュトリッヒとゲーリングにより、大腸菌につくらせ精製したホメオドメインとDNAとの結合の様子が物理化学的な解析（水溶液系のNMR）により明らかにされ、ホメオドメインが特定の塩基配列を認識してDNAに結合することが示された。つまりホメオボックスをもつ遺伝子は、ホメオドメインをもつタンパク質を指令し、そのタンパク質は塩基配列特異的に結合する性質をもつ。このタンパク質は、他の遺伝子の転写の制御を行うタンパク質、転写因子なのだ。最初に見つかったホメオボックス遺伝子であるショウジョウバエのホメオティック遺伝子は、他の多数の遺伝子を制御していることが考えられる、と述べた。ホメオティック遺伝子からつくられるタンパク質が転写因子であることは、理にかなっているのである。

ホックス遺伝子群

先に述べたように、ホメオボックスの発見以来、高等動物から下等動物に至るまで多数のホメオボックス遺伝子が単離されたわけであるが、そこで再び興味深い発見がなされることになった。

高等脊椎動物で単離されたホメオボックス遺伝子のなかに、先に述べたショウジョウバエのホメオティック遺伝子のホメオドメインと非常によく似た領域をもつものが見つかってきたのである。しかも、ホメオドメイン内の特徴的なアミノ酸残基の置き換わりのパターン（図40、一五四ページ参照）から、ショウジョウバエの八つのホメオティック遺伝子それぞれと対応するようなホメオドメインをもつ遺伝子があることがわかったのである（図41）。興味深い発見はさらに続く。それらの遺伝子がマウスの染色体のどこにあるかが調べられ、それらの遺伝子は染色体の四箇所（その四箇所はそれぞれ異なる染色体の上だが）に集まって存在することがわかった（図41）。その四箇所それぞれには、ショウジョウバエのホメオティック遺伝子とよく似た、十個内外の遺伝子があり、その並び方をみると、ショウジョウバエのホメオティック遺伝子の並び方ときわめてよく似たものであった（図41）。さらにこれらの遺伝子がマウスが発生するときに、いつ、どこで発現するかが調べられ、若い番号の遺伝子ほど、体の前後軸に沿って前方で、そしてより早い時期から発現がはじまることがわかった。これはショウジョウバエで見られたのと同じである。ショウジョウバエの八つのホメオティック遺伝子と同じような遺伝子群が脊椎動物にも存在するのである。このような脊椎動物の遺伝子は、ホックス（*Hox*）遺伝子とよばれている。

ホックス遺伝子の働きをマウスで調べる――ノックアウトマウス

本題に入る前に少しわき道にそれてみよう。ちょっと考えてみればすぐにわかることだが、脊椎動物で突然変異体を見つけだすことは大変なことである。ハエの場合、研究室で何千、何万というような多数の個体を飼うことができ、しかもハエの世代時間は短いので、膨大な数の個体をみるという作業により変異体を探すことは不可能ではなかった…と、気安く述べたが、実際には大変な仕事である。人為的に変異を導入できる方法が考案され、変異体が得られるようになったことが、その後の研究をいかに発展させることになったのかは、これまでの話で明らかだろう。研究の対象がマウスとなると、ハエを扱うようにはいかないことは容易に想像していただけることだろう。マウスは〝ねずみ〟算式に増えると思われるかもしれないが、ハエのように多数を飼うことは実際には不可能である。またハエと同様な方法で変異を導入することができたとしてもその後の変異体をきちんと同定して解析をするには、これまた膨大な数のマウスを飼う必要があり、不可能である。その昔、マウスの変異体を得るというのは夢のような話だった。ところが今では、任意の遺伝子に変異を導入したマウスを得ることができるようになっている。

目的とする遺伝子に人為的に変異を導入し、機能欠失させたマウスを「ノックアウトマウス」とよんでいる。ノックアウトマウスが得られるようになったのは一九九〇年ごろだが、その背景には胚性幹細胞（ES細胞）の樹立と細胞内での相同組換えの発見がある。胚性幹細胞というのは、培養細胞の一つである。細胞は、動物の体の一部からとってきて、それを細胞に必要な物質を加えた生理的食塩水、すなわち培養液を入れたシャーレの中で生かしておくことができる。しかし、細胞はしばらくは生きているが、早晩死に絶えてしまう。ところが、薬物で処理することなどによって、細胞の中にはシャーレの中で何代にもわたって分裂し、生き続けられるようになるものができてくる場合がある。そのような細胞を、株細胞とよんでいる。世界中の研究室で多種多様な株細胞が樹立されており、いろいろな研究に用いられている。胚性幹細胞が樹立されたのは一九八〇年代の半ばである。胚性幹細胞は、もともとはマウスの胚に由来する株細胞であるが、シャーレの中で生き続けることができるだけでなく、それをマウスの胚の中に入れてやると、マウスの体の一部として正常に発生する性質をもった特別な株細胞である。体の一部というのは、ほとんどあらゆる部分が含まれ、体細胞のみならず生殖系列の細胞も含まれる。胚性幹細胞は、卵や精子にもなれるのである。卵と精子が受精すればマウスができる。ということは、株細胞に由来するマウスがつくれるのである。

一方の相同組換えの現象の発見は胚性幹細胞の樹立に少し先立っている。一九八〇年ごろ、先に述べたように遺伝子クローニングの時代に入って、多くの遺伝子が単離されるようになり、さまざまな研究が行われた。相同組換えの現象は、クローン化された遺伝子を細胞に導入してその働きを調べる研究の過程で発見された。遺伝子を含むDNA断片を細胞に入れると、時として、そのDNA断片が核の中のDNAに取込まれることが見いだされた。その場合、外から導入した遺伝子DNAが、細胞核の中にもともとある同じ遺伝子DNAと、頻度は低いが置き換わることがわかった（図42）。この現象を利用して、胚性幹細胞の特定の遺伝子を外来性のDNAで置き換え、その遺伝子を改変する技術、ジーンターゲッティング（遺伝子標的法）が確立されたのである。一九八九

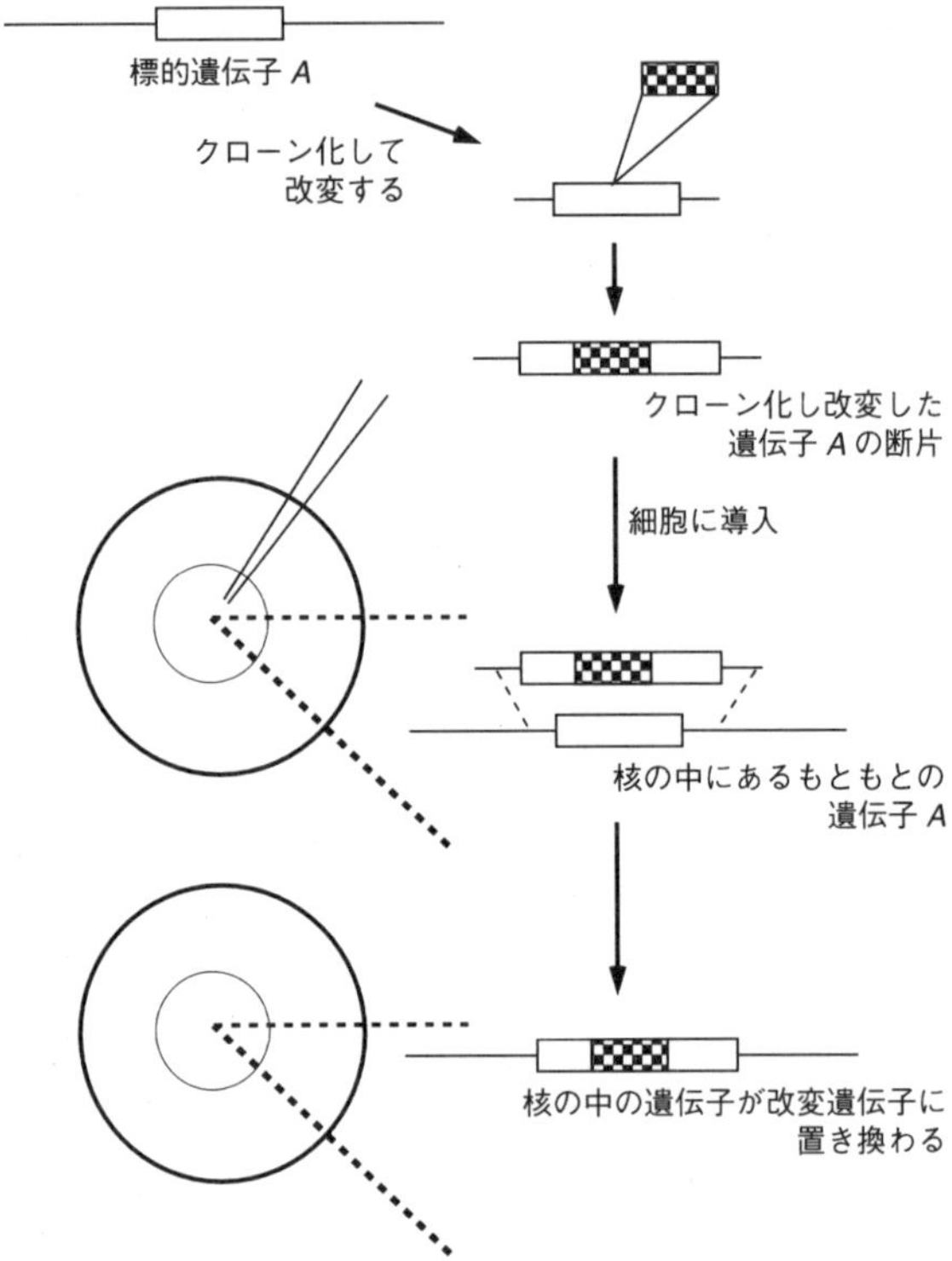

図 42　相同組換えを利用して細胞の遺伝子に変異を導入する．最初に，変異を導入したい遺伝子 *A* をクローン化して，遺伝子を改変する．図では遺伝子の中に余分な配列を入れている．改変した遺伝子 *A* を細胞に入れると，同じ配列の部分で組換えが起こって，染色体の一部が，外から入った DNA で置き換えられる（相同組換え）．実際には，相同組換えの頻度は低いので，相同組換えの起こった細胞を容易に選び出せるよう，改変遺伝子をつくるのにさまざまな工夫がこらされている．そして，二倍体の細胞では，二つの相同遺伝子のうちの一つで相同組換えが起こるのがふつうである．

年、ジーンターゲッティング法による最初のノックアウトマウスがカペッキらにより報告された（図43）。遺伝子の機能を欠失させたとき、マウスの発生にどのような変化が起こるかを解析することにより遺伝子の機能を調べる新しい道がひらかれたのである。

ホックス遺伝子の機能

ホックス（*Hox*）遺伝子についてもノックアウトマウスの解析が行われ、脊椎動物においてもショウジョウバエのホメオティック遺伝子とよく似た働きをしていることが明らかにされた。たとえば、図44は、*Hoxb-4*についてのノックアウトマウスの脊椎骨を調べた結果であるが、脊椎骨の形に変化があることがわかるだろう。脊椎動物の体は、ショウジョウバエのような体節をもっている訳ではない。しかし、脊椎骨がどのように発生してくるのかを見てみると、脊椎骨は体節（ここでいう体節 somite は前述のショウジョウバエの体節とはまったく異なるものである）という中胚葉性の細胞の集団からできてくる。体節は、脊椎動物の胚発生の過程で背側正中線の両側に次つぎとつくられて、並ぶ。これをみると、脊椎動物胚にも確かに分節性があるのだなと実感できる。でき上がった脊椎骨は頸のあたりから尻尾の先まで、場所ごとに決まった形をしている。胸部の脊椎骨には腹側に肋骨が付いているし、頸部では、頭に近い部分では背側に大きな突起があるが、胸に近い部分ではそれがないというふうに、脊椎骨ごとに異なった形をしている。このように脊椎骨はすべて、同じような形をした体節からつくられてくるのに場所ごとに形が変わっているのである。

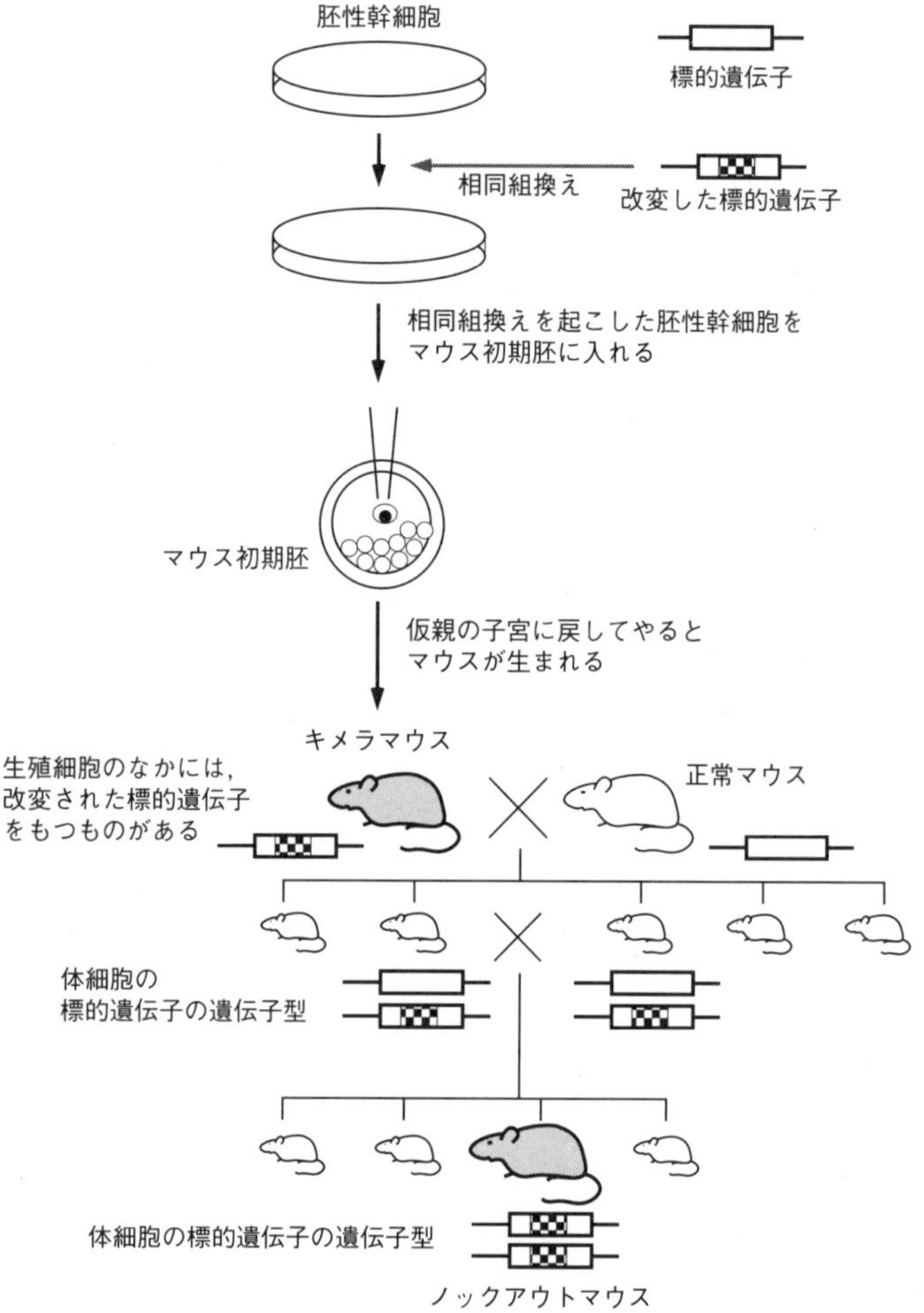
胚性幹細胞
標的遺伝子
相同組換え
改変した標的遺伝子
相同組換えを起こした胚性幹細胞を
マウス初期胚に入れる
マウス初期胚
仮親の子宮に戻してやると
マウスが生まれる
キメラマウス
生殖細胞のなかには,
改変された標的遺伝子
をもつものがある
正常マウス
体細胞の
標的遺伝子の遺伝子型
体細胞の標的遺伝子の遺伝子型
ノックアウトマウス

図 43（説明は次ページ）

前に述べたように、ホックス遺伝子は胚期のある時期に十三のグループの遺伝子が前後軸に沿って少しずつずれて発現している。ホックス遺伝子ノックアウトマウスではそのうちの一つが欠失し、したがってその遺伝子の機能がなくなるのである。このときに骨の形をみると、ある骨の形がその一つ前の骨の形に変わっている（図44）。これは先に述べたショウジョウバエのウルトラバイソラックス変異体で見られたホメオティック変異と同じだ（図39）。ウルトラバイソラックス変異体では、胸を構成している三つの体節のうち一番後ろの体節で発現すべきウルトラバイソラックス遺伝子の発現がなくなってしまったことにより、後部胸節が中部胸節に変化したのであった。脊椎動物のホックス遺伝子も機能欠失をするとより前方の個性をもつようなホメオティック変異が起こるということから、ホックス遺伝子とショウジョウバエの八つのホメオティック遺伝子は、その構造や発現パターンが似ているだけではなく、動物の体の前後軸に沿った各領域の個性を与えているという点でも同じ働きをしているということができる。ショウジョウバエ、脊椎動物をそれぞれの頂点とするような動物

図 43（前ページ） 胚性幹細胞とジーンターゲッティングの概要．胚性幹細胞に改変標的遺伝子 DNA を加え，胚性幹細胞の標的遺伝子に相同組換えを起こさせる（胚性幹細胞は二倍体の細胞であるので，通常その中の標的遺伝子二つのうちの一つが改変される）．相同組換えを起こした胚性幹細胞をマウスの初期胚に入れ，この胚を仮親の子宮に戻して発生させると，マウスが生まれてくる．このマウスの体の一部は，胚性幹細胞からできたものである．このように，複数の起原の異なる細胞からなる動物をキメラという．キメラマウスのなかから，その生殖細胞が胚性幹細胞に由来しているものを選んで，これをふつうのマウスと交配する．そうして得られたマウスのなかから，改変遺伝子をもつ雄と雌とを選び出し，交配してやれば，メンデルの法則に従って 4 分の 1 の確率で，標的遺伝子が二つとも改変された個体（ノックアウトマウス）ができてくる．

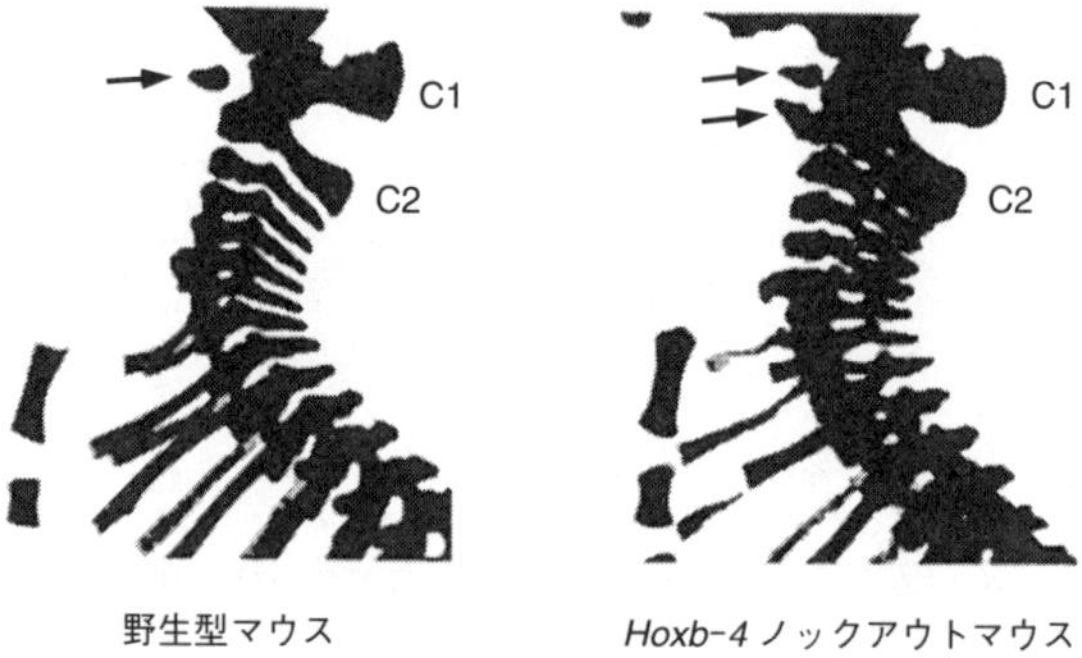

図 44　マウスのホメオティック変異体．マウスの *Hoxb-4* 遺伝子をノックアウトしたマウスの頸の骨格が示されている．マウスの頸椎骨は七つあり，そのなかで最も頭に近いものから順に C1，C2…と番号が付けられている．C1 には背側に大きな突起と，腹側に小さな突起（→印）をもつ．C2 にはそのような腹側の突起はなく，背側の突起も小さい．これに対して，ノックアウトマウスでは C2 に腹側の突起ができ，背側の突起も大きくなって，C1 のように変化している．

の二大系統のどちらにも共通する体づくりの基本的なルールが見いだされたのである。

ホメオティック遺伝子とホックス遺伝子の起原と進化

脊椎動物と節足動物の系譜は今から六億年ほど前に分かれたと考えられている。そのどちらにも同じような構造をもち、同じような働きをする遺伝子が見つかったことから、当然その起原はどこまでさかのぼることができるか、ということになるだろう。現在のところ、ホメオティック遺伝子あるいはホックス遺伝子の染色体上の集合の原型と考えられるものは刺胞動物（サンゴやクラゲの仲間）までルーツをたどることができる。それより下の生物にはこれまでのところ、ホメオボックス遺伝子は存在するが、ホメオティック遺伝子あるいはホックス遺伝子は見いだされていない。一方ホメオボックス遺伝子は、植物や酵母などにも見いだされている。しかし、バクテリア（細菌）などでは、ホメオドメインとよく似た構造をもつタンパク質をコードする遺伝子はあるけれども、ホメオボックス遺伝子はもっていないことがわかっている。

地球上に生命が現れてからおよそ三十五億年とか四十億年といわれている。生命が生まれ、バクテリアが出現し、酵母や植物が生まれ、そして動物が誕生したと考えられている。英国のスラックらは、バクテリアの出現から酵母の出現の間にホメオボックス遺伝子が進化し、動物の誕生とともにその体の前後軸に沿った領域の決定にかかわるような働きをするホメオティック遺伝子の集団が現れたのだろうと言っている。ホメオティック遺伝子の集団は植物にはなく、動物に特徴的なものである。植物にも花や萼（がく）、葉を決めるホメオティック遺伝子は存在するが、動物とは異なる別のモチーフをもつ転写因子遺伝子である。スラックらはホメオティック遺伝子の集団をもっていることが、その生物が動物であるゆえんであると考え、このことをズータイプ（zoo type：しいて訳せば動物型または動物印）とよんでいる。

起原をさかのぼるとなれば、進化についても一言ふれておかなければならないだろう。脊椎動物ではホックス遺伝子の集団は別べつの染色体の上に四つ見いだされている。進化の過程のどこかで、四つに倍加したと考えられる。それはどのあたりになるだろうか。筆者の研究グループは、脊索動物の尾索動物亜門に属するホヤで形づくりに関係する遺伝子に興味をもって研究を進めているが、いくつかの証拠から、ホヤではホックス遺伝子の集団は一つだと考えている。ホヤよりもう少し脊椎動物に近いと考えられている脊索動物・頭索動物亜門に属するナメクジウオでは英国のピーター・ホランドたちによりホックス遺伝子の集団は一つであることが明らかにされている。つまり脊椎動物になるときにホックス遺伝子の集団が一回倍加し、その後さらに少なくとももう一回の倍加が起こったと考えられる。実はホックス遺伝子の集団に限らず脊椎動物の進化の過程では二回の全ゲノムの倍加が起こったとする説が唱えられている。これらの考え方の真偽は、いろいろな動物の全ゲノム塩基配列決定とその解析によって、まもなく明らかにされるであろう。

おわりに

本章では、動物の体制が決定される過程で、動物の体の前後軸に沿ってどのような個性をもたせるかという働きをする遺伝子群が動物に共通して存在する、ということをお話しした。脊椎動物と節足動物はどちらも同じ戦略を用いていることがわかったことによって、両者が祖先を共通にする動物であることがこれまでよりはるかに明確なものとなってきた。ひと昔、ふた昔前までは、多くの発生生物学者にとっては、節足動物と脊椎動物は発生の様相も相当に異なる動物群であったのだが、ホメオティック遺伝子やホックス遺伝子の発見を機に両者に共通の形態形成の基本的ルールが実在するのだ、と実感されるようになってきた。今後、動物の多様性について解明がすすむとともに、生物界全般にわたる共通の原理について理解がいっそう深まるに違いない。

発生の過程で働く遺伝子については、今みてきたように、そのような遺伝子群が実在すること、そして何に働くのか、機能が欠失するとどのような異常が生じるのか、おおよそわかったということができるが、遺伝子が、いつ、どの細胞で、何をしているのかは、今後の研究を待たなければならない。そして、実際の発生でみられる形づくり、すなわち、胚の中の細胞が移動し、全体として動物としての形をつくり上げていく過程と遺伝子の発現とは、どのようにつながるのか、両者の間にはまだまだギャップがある。たとえば、転写因子の下流の一つとして、細胞の移動の制御があるのは確かである。しかし、転写因子から細胞の移動の間にどのようなステップがあるのか、より具体的に理解しなければならないし、さらに細胞の協調的な動きはどのように制御されているのかを明らかにする必要があるだろう。

二十一世紀は遺伝子の世紀といわれている。すでにわれわれヒトのゲノムDNAの塩基配列もほぼ解読されたところである。そして、ヒトだけではなく、さまざまな動物のゲノムDNAの全塩基配列を決める研究も進行中である。今後、遺伝子あるいは染色体についての理解は大きく進むことであろう。しかし、遺伝子が理解できれば発生のプログラムはわかるかといえば、たぶんそうではないだろう。発生のプログラムについての研究は、まだまだこれからだ、といってよい。遺伝子を役者に見立てていえば、ゲノムの全塩基配列が決まると、染色体の上に並んだ数万の役者の一人一人がどのような顔をしているか、どんな順番で染色体の上に座っているかはわかる。しかし、それぞれの役者の出番はいつか、舞台のどこに立てばよいのか、相手は誰かというようなプログラム、発生をつかさどる情報はゲノムの上に書かれているわけではないからである（少なくとも現在はそのように理解されている）。とすれば、発生をつかさどる遺伝情報を理解するには、役者の個性を知るだけでなく、その役者がいつ舞台に登場し、どんなせりふをしゃべっているのか、他の役者たちとどのようなやりとりをしているのか、そしてそのとき、役者たちが働く舞台はどのようになっているのかを理解することが必須である。ここでいう舞台とは、いうまでもなく、受精卵や胚、その中の細胞である。受精卵は、さまざまな仕掛けが隠された巧妙な舞台ということができる。そして、その舞台はひとたび発生が始まると刻一刻と変化する。さらにそこで働く役者も次つぎに変わっていく。本章では、重要な役者たちとその役割が垣間見えたという話を紹介したのだが、今後の動物の発生のプログラム研究の課題は、上に述べたような舞台で、顔かたちもさまざまに異なった役者が巧妙華麗に演ずるドラマをいろいろな角度からながめ、その全貌を理解していくことなのである。

5章　器官のできかたと誘導

八杉貞雄

八杉　貞雄（やすぎ　さだお）

一九四三年東京都に生まれる。一九六六年東京大学理学部卒業。東京大学理学部助手、講師、助教授を経て、現在、東京都立大学大学院理学研究科教授。理学博士。専門は発生生物学。

日本動物学会賞（一九九九）受賞。

おもな著書に、『発生の生物学』（岩波書店）、『発生と誘導現象』（東京大学出版会）、『生物の起源と進化』（共著、朝倉書店）など。おもな訳書に『細胞の世界を旅する　上・下』（共訳）、『マイア 進化論と生物哲学』（共訳、以上東京化学同人）、『これが生物学だ』（共訳、シュプリンガーフェアラーク東京）など。

高等学校時代は天文学にあこがれたが、大学で生物学を学ぶうち、細胞分化などに興味をもったのが今の研究の始まり。水野丈夫教授の影響で消化器官の形態形成と分化の研究を始めてからは、それ一筋に取組んでいる。今の目標は、胃をつくる鍵遺伝子をみつけること。進化学や、広く生命科学にも関心をもっている。

小・中・高等学校のこどもたちが、自然や生命に関心をもち、その精妙な仕組みに感動し、やがては生命科学者として活躍してくれるよう、微力ながら尽くしたいと思っている。

趣味は、しいていえば、サッカーを見ること、低い山に登ること、本を書くこと。

器官形成の役者たち

器官形成の秘密

この章で紹介するのは、体を構成する「器官」がどのようにしてつくられるかという仕組みである。器官（臓器）というのは、いうまでもなく、体の機能を実際に実行する部品で、脳とか胃、腎臓、眼など、いくらでもその名前をあげることができる。これらの器官はたいてい複雑な形をしていて、その形が機能と密接に結びついている。したがって器官の構築の仕組みを調べるには、動物の発生で「形」というものがどのように決まるかという問題も扱わなければならない。

本書でこれまで述べてきた生殖細胞のできかた、発生運命の決定、中胚葉誘導、そしてホメオボックスによる体制の決定などは、どれも比較的初期のできごとである。一方これからお話しするのは体制が確立し、いよいよ胚が動物らしくなるプロセスで、一般には後期発生とよばれる。

器官形成の秘密を解く鍵は、誘導、組織間相互作用、上皮–間充織相互作用といったキーワードで表される、細胞と細胞の話し合いである。複雑な器官ができ上がる過程では、驚くほど多くの細胞間の情報交換が必要であることが近年明らかにされつつある。その研究の一端をご紹介しよう。まず組織と器官について説明し、そのあとで筆者が取組んでいる消化器官の発生の研究を紹介し、さらに最近話題になっているいくつかの器官の形成について述べることにする。

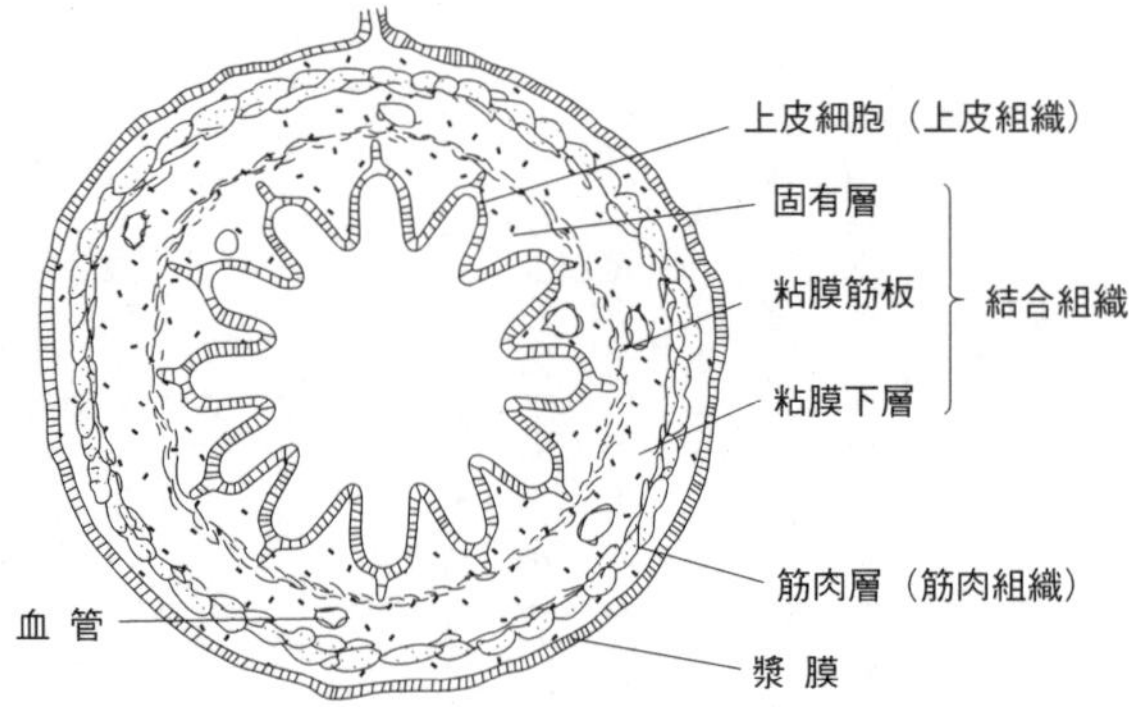

図 45　脊椎動物の腸の断面の模式図．上皮細胞，結合組織（固有層，粘膜筋板，粘膜下層），筋肉組織などが示されている．

細胞・組織・器官

生物の体はいうまでもなく細胞からできている。ヒトの体にはおよそ六〇兆個の細胞があるといわれる。もちろん数えた人がいるわけではなく、だいたいの数である。これらの細胞がみな同じでないことも明らかである。ヒトの体には脳の細胞も皮膚の細胞も血液の細胞もあるのだから。しかし一方、すべての細胞が全部違っているかというとそうでもない。すべての細胞は個性をもってはいるが、その形や働きからいくつかのグループに分けることができる。そのようなグループを専門用語で「組織」とよぶ。われわれの体を構成する器官（たとえば心臓とか胃とか眼とか）は多くの場合にいくつかの組織から成り立っている。その例を、腸で見てみよう（図45）。

腸を輪切りにしてみると、中心に食物が通る内腔とよばれる通路がある。内腔を囲んで、背の高い細胞がぎっしりと並んでいる。これらの細胞は、互いにしっかりと接着していて、内腔を体に有害な物質が通過しても簡単には体内に取込まれないようにしている。さらにこれらの細胞は、消化酵素を分泌したり、養分を吸収している。これらの細胞は腸の「上皮細胞」とよばれる。つまりこれらの細胞は、体の表面（腸の内腔は体の外部と直接つながっている）を覆う細胞群である。体の表面を覆う細胞はこのほかにも、たとえば外表面を覆う皮膚の表皮細胞がある。表皮細胞も互いにしっかりと接着している。さらに、体の内部にも、血管の内皮細胞とか腎臓の尿細管の内部を覆う細胞のように、その内外で物質が勝手に行き来しては困る部分を覆う細胞がある。これらの細胞も、一括して上皮細胞という。つまり、上皮細胞とは、互いに密着して、体のコンパートメントを区切っている細胞のグループである。上皮細胞の集まりを「上皮組織」あるいは単に「上皮」とよぶ。この言葉は今後何回も出てくるので、記憶しておいていただきたい。

腸の輪切りを観察すると、上皮細胞の周囲に、細胞どうしが接着していなくて、細胞と細胞の間が空いているように見える部分がある。この部分を結合組織とよぶ。結合組織には、繊維芽細胞という細胞が多く含まれ、細胞と細胞の間には細胞外物質が多量に分泌されている。結合組織は体のあらゆるところに存在し、上皮組織と他の組織との間を埋めているのであるが、単に空所を満たしているだけではなく、器官が器官として機能することを実質的に支えている重要な組織である。皮膚にも表皮の下に結合組織があり、真皮とよばれる。結合組織には、コラーゲンなどの「細胞外基質」とよばれる物質が、いわばじゅうたんのように敷き詰められていて、これらの物質も器官形成には重要な役割をもっている。

腸の結合組織の周囲には、腸管を収縮させて食べ物を肛門の方へ押しやる働きをもつ筋肉がある。この筋肉は平滑筋という種類であるが、体の中には骨などを動かす横紋筋もあり、一括して筋肉組織とよばれる。また腸の結合組織の中には血管が多数通っている。血管は、前にも述べたようにその周囲には内皮細胞という上皮細胞があり、太い血管にはその周囲に筋肉がある。一方、血管の内部を流れる赤血球や白血球は、遊走細胞組織（血液組織）とよばれる。

図には描かれていないが、腸の中には筋肉の収縮を調節するための神経もたくさんある。体の中の神経は実に多様な形態と機能をもっているが、刺激を伝えるという共通した特徴をもっているので、これもひとまとめにして神経組織として分類される。

腸の輪切りを観察するとこのように、上皮組織、結合組織、筋肉組織、遊走細胞組織、神経組織が見える。体の中にはこのほかに、骨組織と軟骨組織があるが、これについてはあまり説明を要しないであろう（表2）。

つまり組織というものはその形態と機能が類似した細胞のグループをさす用語で、いわば人為的な分類であるが、体の中で実際に機能するのは実は組織単位であるので、組織という概念は重要である。また、これから見ていくように、いろいろな器官ができてくるときにも、組織と組織の相互作用が必要である。

生物の世界は、分子―高分子―細胞小器官―細胞―組織―器官―個体―個体群（集団）―種―生物社会という階層構造になっている。これらの階層にはそれぞれ固有の法則があって、それは、もちろん下位

表 2 脊椎動物の組織

組織名	構成細胞	おもな特徴
上皮組織	上皮細胞	動物の内外の表面を覆う．細胞間の接着が密接．細胞外物質少ない．生体の防御，吸収，分泌活動を行う
結合組織†		
結合組織††	繊維芽細胞	各組織間の充塡．上皮組織の機能維持．細胞外物質豊富
骨組織	骨細胞	生体の姿勢の維持．カルシウムの沈着
軟骨組織	軟骨細胞	生体の姿勢の維持．可動性の保持．コンドロイチン硫酸豊富
血液組織	血球	酸素運搬．生体防御．恒常性維持
筋肉組織	筋肉細胞（筋繊維）	収縮機能．収縮タンパク質
神経組織	神経細胞（ニューロンほか）	興奮伝達．行動の制御．複雑なネットワーク
間充織	間充織細胞	未分化な組織（胚，胎児期）

† 広義の結合組織　†† 狭義の結合組織

の階層の法則によって決まってはいるが、必ずしも下位の法則の理解からだけでは推測できないものである。その意味で、組織の構築や器官の構築にも独自の法則を考えることができる。

ところで、生物の個体を人間社会にたとえれば、細胞は個々の人間、組織はサラリーマンとか大学の教員といった職種、器官は会社、大学などに相当するであろう。サラリーマンとか大学の教員などは器官（つまり会社とか大学とか）ごとに異なった仕事をするのであるが、似通った機能をもっているので、共通の名称が与えられている。この点で組織にたとえることができるわけである。このたとえはいささか乱暴かもしれないが、「組織」という概念を理解するには便利である。ついでにいうと、生物の個体の中の細胞と、人間社会の中の個々の人間との大きな違いは、細胞がひたすら個体の維持のために、時として自己犠牲を払ってでも奉仕するように「決定」され、また働き場所も決まっているのに対して、人間はそれぞれの自由な意志で仕事や働き場所を決めていることである。

胚発生においては、上皮組織と間充織（間葉）という組織が最初に出現する。間充織はその文字からもわかるように、いろいろな組織の間を充塡している組織で、上述の結合組織と似ているが、もっと未分化で、やがては結合組織、骨、軟骨、筋肉などや、場合によっては上皮にも分化するものである。以下の節では上皮と間充織の相互作用という言葉が頻繁に出てくるので、これもご記憶いただきたい。

消化器官形成の過程

消化管と消化器官

あらゆる動物は外界から栄養を取入れてそれを体内でつくり変えて、自分の体をつくったり運動するためのエネルギーに変化させたりする。外界からの栄養の取入れは、多くの場合消化器官という特別な器官系によってなされる。これから述べる脊椎動物の消化器官は、魚類でも両生類でも鳥類でも哺（ほ）乳類でも、よく似た構造をしている。われわれの消化器官は、口側から、口腔、咽頭、食道、胃、小腸（十二指腸、空腸、回腸）、盲腸、大腸、肛門と続いている。これらの器官は一本の管であるので、消化管といわれる。消化器官にはほかに、唾液腺、肝臓、膵臓などがあるが、これらも基本的（発生学的）には、消化管から突出して生じた器官である。さらに、不思議に思われるかもしれないが、呼吸器官である肺も消化管から突出した器官であり、いわば消化器官の兄弟である。これから、このような消化器官系がいかに形成されるか、その形成において細胞分化や形態形成がどのような原理に基づいているか、主として筆者の研究室で行われている研究をもとに解説してみたい。消化器官のようになじみの深いものが、実は大変に複雑な機構でできてくるということを理解していただければ幸いである。

消化管の形成

消化管は体の一番中心に位置するので、その上皮が内胚葉からできることは何となくわかりやすいであろう。しかしそのできかたは、脊椎動物のなかでも動物の種類によってずいぶんと違いがある。ここでは、実験によく使われる両生類と鳥類について述べよう。

両生類（図33、一三二ページ）では、原腸形成の結果生じる原腸がそのまま腸管になると考えてもほぼまちがいない。原腸を形成する細胞は、原腸形成のときに胚の外側にある細胞が内部に進入した細胞であり、必ずしも植物極側にある細胞ではない。一般に植物極側にある、卵黄をたくさん含んだ細胞を「内胚葉細胞」とよぶのであるが、それが消化管の上皮細胞に分化するのではない。

原腸に由来する腸管は、前方（口側）では広い腔所を形成し、ここからは口腔、咽頭ができる。また この部分の最後尾には肝臓の原基が生じる。広い腔所と細い管の境界あたりの狭い部分に将来の食道と胃の領域がある。それに続く部分はいうまでもなく腸に分化する。消化管の前端と後端は外胚葉と直接接触し、やがてここが破れて口と肛門を形成する。

重要なことは、消化管が、内胚葉性の上皮のみから構成されるのではないということである。上皮の周囲には内臓板中胚葉に由来する間充織が存在し、のちに結合組織や筋肉に分化することは、前に述べたとおりである。

鳥類では消化管のできかたは、少なくとも見かけ上は両生類とはまったく異なっている。鳥類の神経胚では、内胚葉は平らに広がっていて、管をなしていない。しかし、体節が形成されはじめるころになると、平らな内胚葉が左右から褶曲してきて、やがて両方の内胚葉が中央で融合して管を形成するのである（図46）。このような形態形成運動はまず胚の前方から起こり、ついで後方からも始まり、それぞれ後方、前方へと進行する。進行途中には、管になったところと、未だ管にならないところがあり、あたかもトンネルの入口のような構造が見える。これをそれぞれ前腸門、後腸門とよんでいる。前腸門と後腸門の間を中腸とよぶが、中腸は発生の段階に応じてその長さが変わるわけである。ヒトを含めて哺乳類の消化管のできかたはほぼ鳥類と同じと考えて差し支えない。

鳥類でも、両生類と同様に、内胚葉が閉じて管になった直後に、内臓板中胚葉由来の細胞が管を取巻き、間充織となる。これ以後、消化管上皮の形態形成と分化は、間充織との相互作用によって進行し、それが本章の主題となる。

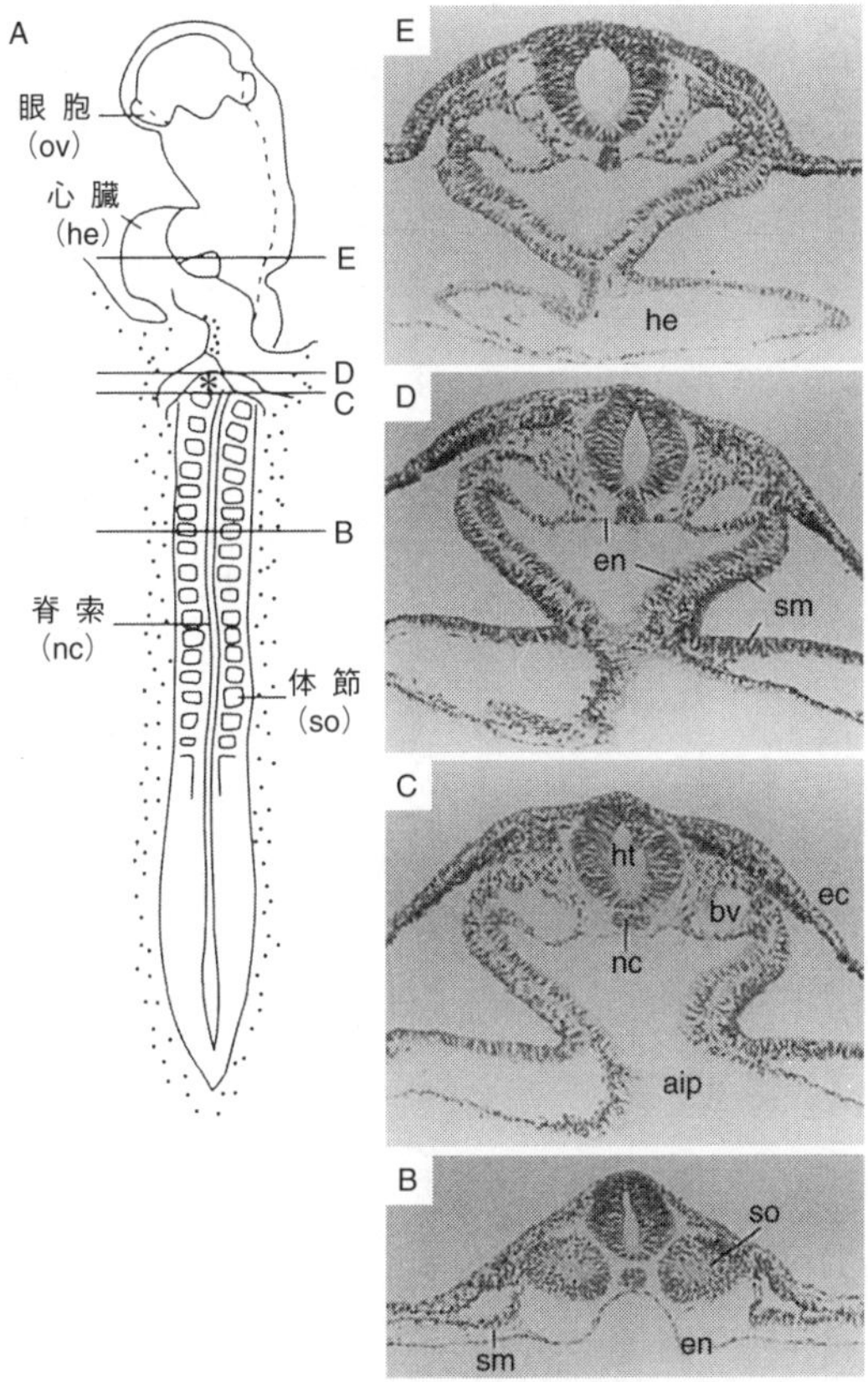

図 46 ニワトリ胚における消化管の形成．消化管の形成は頭部から後方に向かって進行するので，一つの胚を後方から頭部に向かって観察すると消化管の形成を見ることができる．B から E に進むに従って，内胚葉（en）が管をつくり，内臓板中胚葉（sm）がそれを取囲むことがわかる．aip：前腸門（図 A では＊），bv：血管，ec：外胚葉，he：心臓，nc：脊索，nt：神経管，ov：眼胞，so：体節．

消化器官の形態形成と機能的分化

内胚葉が管を形成し、間充織がそれを取囲んで原始的な消化管が完成するのは、ニワトリ胚では孵卵（ふらん）三・五日目ごろである（孵卵というのは、産卵された卵を三十八℃の孵卵器に入れること）。このころの消化管は、どこで断面を切っても金太郎飴のように同じ形をしている。つまり、内腔を囲む未分化な上皮とそれを取囲む間充織が見られる。解剖学的に見ても、かろうじて前腸、中腸、後腸が区別されるが、個々の消化器官の境界はまだ明らかではない。しかし孵卵四・五日から五日になると、消化管はすでにいくつかの器官に分かれていることがわかる。口腔、咽頭、食道が区別されるし、鳥類に特徴的な前胃（腺胃）と砂嚢（のう）（筋胃）という二つの胃もはっきり見分けることができる。小腸と大腸の境界には将来の盲腸の原基がすでに生じている。しかしこの段階では、上皮と間充織はまだ未分化に見える。すなわち、いろいろな器官の上皮は構造的にも機能的にもほとんど区別できないし、間充織にもまだ筋肉などは分化していない。

孵卵六日を過ぎると、いくつかの器官で形態的な分化が進行する（図47）。たとえば、食道の上皮は多層化した上皮となり、全体として凹凸をもった状態になる。前胃では上皮が間充織中に陥入して、腺を形成し始める。この腺はその後の数日間に急速に成長して、やがて活発に枝分かれし、複合腺とよばれる構造を形成する。砂嚢では上皮が著しく肥厚し、丈の高い細胞になる。小腸では上皮が間充織を伴って内腔に突出し、絨毛とよばれる構造を形成し始める。またこの時期になると膵臓の原基が十二指腸の後端部の肝臓の原基のすぐ近くから突出する。

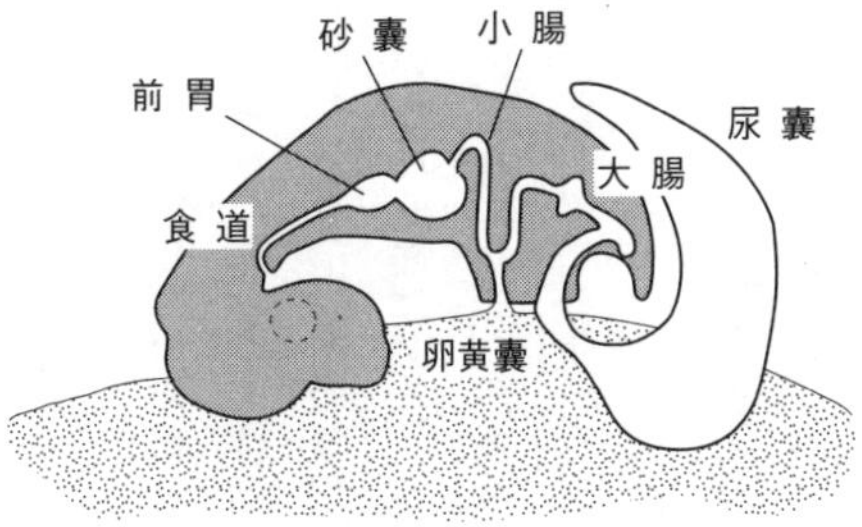

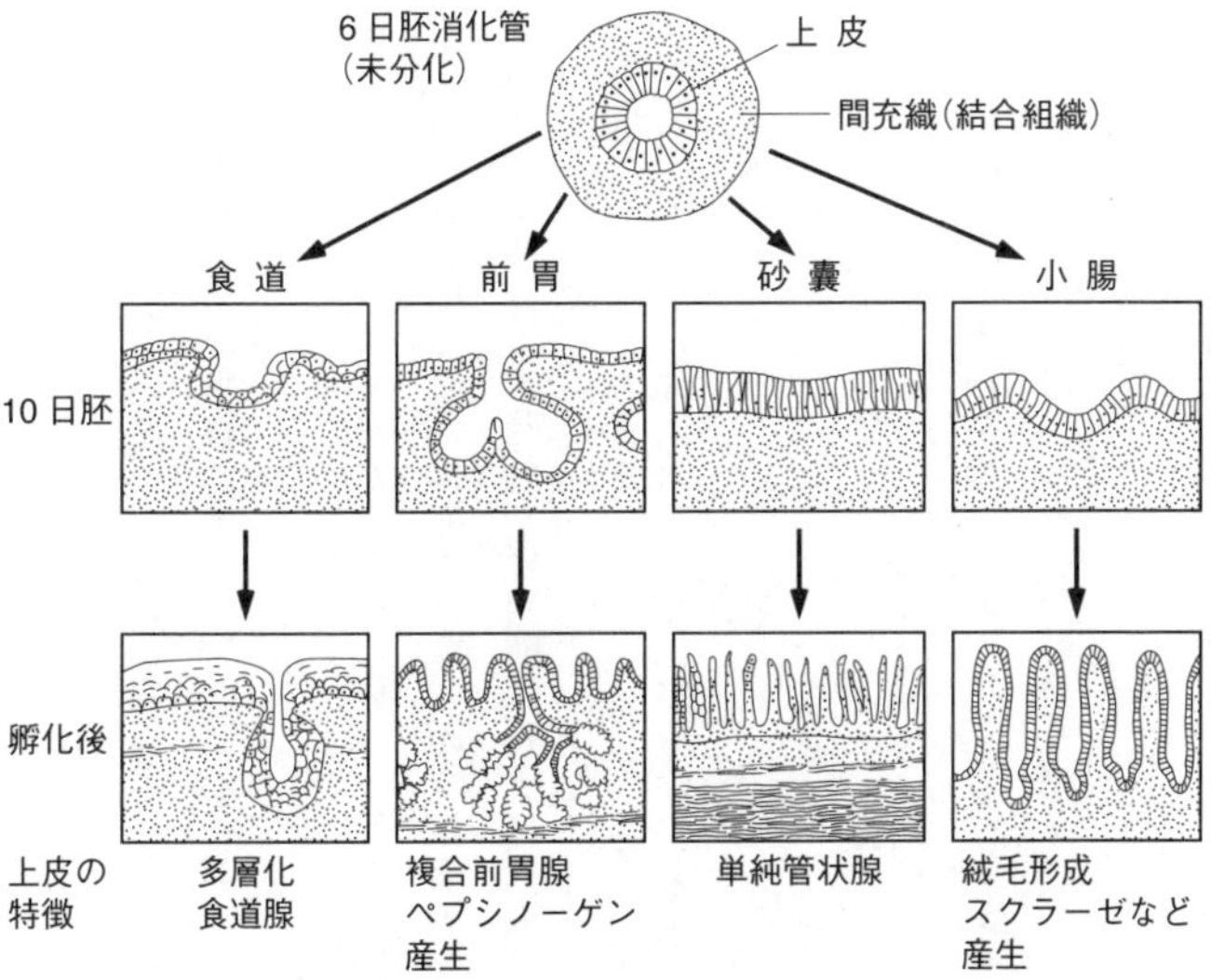

図 47 ニワトリ消化器官発生の模式図．機能的に分化した各器官の主要な形態的および生化学的特徴を示した．

消化器官上皮が機能的に分化したことは、消化酵素の生産が最もよい目印となる。消化管からはいうまでもなく多くの消化酵素が分泌されるが、その中で消化器官上皮の分化マーカーとしてよく用いられてきたのは、胃におけるペプシノーゲンと小腸の二糖分解酵素（スクラーゼなど）、膵臓のアミラーゼやトリプシノーゲンなどである。また膵臓のホルモンであるインスリンやグルカゴンも有用である。

胚期に消化酵素が産生される理由は実はあまりよくわかっていない。鳥類では胚期の養分はたくわえられた卵黄から供給されるので、消化管が働くことはあまりないのではないかと思われる。ただ胚を包む羊膜中の羊水にはかなりの養分があって、それが経口的に腸管に取入れられ、消化されている可能性はある。

いずれにしても、各消化器官は、胚期の中期から機能的にも分化するのである。この機能分化を指標として、分化過程を解析することができる。

ニワトリ胚のペプシノーゲン

筆者の研究では、前胃の上皮細胞、それも腺上皮細胞のマーカーであるペプシノーゲンを主要な研究対象としたので、ここで少しこの分子について述べておきたい。ペプシノーゲンは消化酵素ペプシンの前駆体である。つまり胃の腺上皮細胞はペプシノーゲンを産生、分泌し、ペプシノーゲンは胃の酸性の環境の中でペプシンに変化する。ペプシンは酸性条件下でタンパク質を消化する作用を発揮する。ペプシンは胃液中に大量に存在し、ずっと古くからその活性の存在が明らかにされてきたし、消化酵素のなかで最初に精製、結晶化されたものである。

われわれは、ニワトリにおける前胃の分化マーカーとしてこの酵素を用いることを考え、成鳥からペプシノーゲンを精製してその抗体をつくった。ところが、この抗体は、胚期のペプシノーゲンとは反応しなかった。よく調べてみると、胚期と成鳥ではペプシノーゲンの分子種が異なっているのである。そこで今度はペプシンの活性が最も高い十五日胚の前胃からペプシノーゲンを精製することにしたのであるが、なにしろこの時期の前胃はまだ小さく、含まれているペプシノーゲンの量も少ないために、精製には大量のニワトリ胚を必要とした。それでもおよそ一〇〇〇個の胚の前胃から数ミリグラムのペプシノーゲンを精製し、それに対する抗体をつくることができた。またのちには、このペプシノーゲン（われわれはこのペプシノーゲンを、胚期ニワトリペプシノーゲン、ECPgと名付けた）のcDNAやゲノムの遺伝子もクローニングして研究に用いた。またひよこが孵化してからすぐに産生される成鳥型ペプシノーゲン（成体ニワトリペプシノーゲン、ACPg）についても遺伝子のクローニングを行った。

ECPgやACPgの塩基配列やアミノ酸配列を他の脊椎動物のペプシノーゲンと比較すると、ECPgがウシのプロキモシンという、乳飲み子のときに産生される酸性タンパク質分解酵素とよく似ていることがわかる。このグループのタンパク質分解酵素は個体発生の早い時期に産生されるグループであることがうかがわれる。また抗ACPg抗体で認識されるペプシノーゲンはすべての成体脊椎動物の胃で見いだされるが、抗ＥＣＰｇ抗体と反応するペプシノーゲンは、成体では魚類の胃のみに存在する。なんとなくヘッケルの個体発生と系統発生説を思い起こさせるのであるが、この点はもっときちんとした研究をしないとわからない。また、ＥＣＰｇからＡＣＰｇへの切替わりがどのような機構でなされるかも大変おもしろい問題であり、目下研究が進んでいる。

消化器官の形成と組織間相互作用

組織間相互作用

多くの器官で、その形成にあたって組織間相互作用（誘導作用）が重要であることがよく知られていた。最も有名な例は、すでに二〇世紀初頭にシュペーマンによって研究されたレンズの誘導である（二〇五ページ参照）。

器官形成に誘導作用が必要である例は、そのほかに、皮膚、腎臓（二〇三ページ参照）、歯、膵臓などで示された。多くの場合その証拠は、これらの器官を構成する上皮と間充織を分離し、いろいろな条件で再結合し、試験管内で培養（器官培養）し、数日の培養後に培養片の組織学的分化を検討して得られていた。また、一方の組織から他方に対して誘導作用があると考えられるときには、両者の間に適当な孔径の穴がたくさん開いたフィルターをはさんで培養し、誘導作用がフィルターを通過できるかどうかも調べられた。これらの実験をまとめてサクセンは、誘導のタイプを大きく三つに分類した。

(1) 誘導にかかわる物質が比較的遠くまで拡散する。物質は小さい分子で、水溶性と考えられる。

(2) 誘導する組織の細胞と反応する組織の細胞が接触する必要がある。この場合には、一方の細胞が分泌する細胞外基質のような大きい分子が誘導の仲立ちをするか、細胞膜の接触がシグナルを伝えると考えられる。

(3) 細胞と細胞のよりしっかりした接触が必要とされる。この場合には、細胞接着装置やデスモソームなどを通して直接にシグナル物質が伝えられる。

上の器官の例でいうと、腎臓の場合は(2)であると考えられていた(後述)。一方、3章で紹介された神経誘導は、かなり長距離にわたって誘導作用が及ぶことが観察されていた。われわれが消化器官を用いて組織間相互作用の研究を開始したときの状況はこのようなものであった。

消化器官上皮の形態的分化と組織間相互作用

われわれはまず、消化管と密接に関係して発生してくる胚膜を用いた実験を行った。胚膜は、ニワトリ胚が卵の中で発生する際にその胚体を守り、また養分の摂取などに必要な膜の総称で、胚体から連続したものである。われわれが注目したのは、腸の後方から胚体外に突出する尿囊である。尿囊は内胚葉性の上皮と中胚葉性の間充織から構成されている点で、消化管とまったく同様である。

なぜわれわれが胚膜に注目したかというと、それまでに他の胚膜、特に羊膜や漿膜のように外胚葉と中胚葉からなる膜の外胚葉性上皮が、皮膚の間充織（真皮）の誘導下に皮膚の表皮へと分化することが知られていたからである。また、将来羊膜に分化する領域の外胚葉は、適当な誘導原のもとで眼のレンズの細胞にも分化しうる。

まず、ニワトリ三日胚からできたばかりの尿囊を切出し、それを適当なタンパク質分解酵素（コラゲナーゼやトリプシン）で処理して基底膜を溶かし、上皮と間充織とに分離する。一方、もう少し発生の進んだ五ないし六日胚の消化器官（食道、前胃、砂囊、小腸）を切出し、同様に上皮と間充織を分離する。尿囊の上皮と消化器官の間充織を組合わせて、いろいろな方法で器官培養する。数日間培養した後に顕微鏡用の切片を作製して組織学的な分化を調べるのである。結果は明瞭であった。尿囊上皮は結合された間充織によってその発生の方向を変え、たとえば前胃間充織とともに培養された場合には腺構造が明瞭に形成されるし（図48）、砂囊間充織とともに培養すると背の高い柱状上皮細胞が分化する。小腸間充織は尿囊上皮に絨毛様構造を形成させる。したがって、少なくとも形態的な面では、尿囊上皮の分化は間充織によって決定されるといってもよいと思われた。

このような結果が得られると、次に、消化器官の上皮も別の間充織とともに培養されたら発生運命を変えるだろうか、という疑問が生じるのは当然である。六日胚の食道、前胃、砂囊、小腸からそれぞれ上皮と間充織を分離して、4×4通りの組合わせをつくることができる。これらをすべて

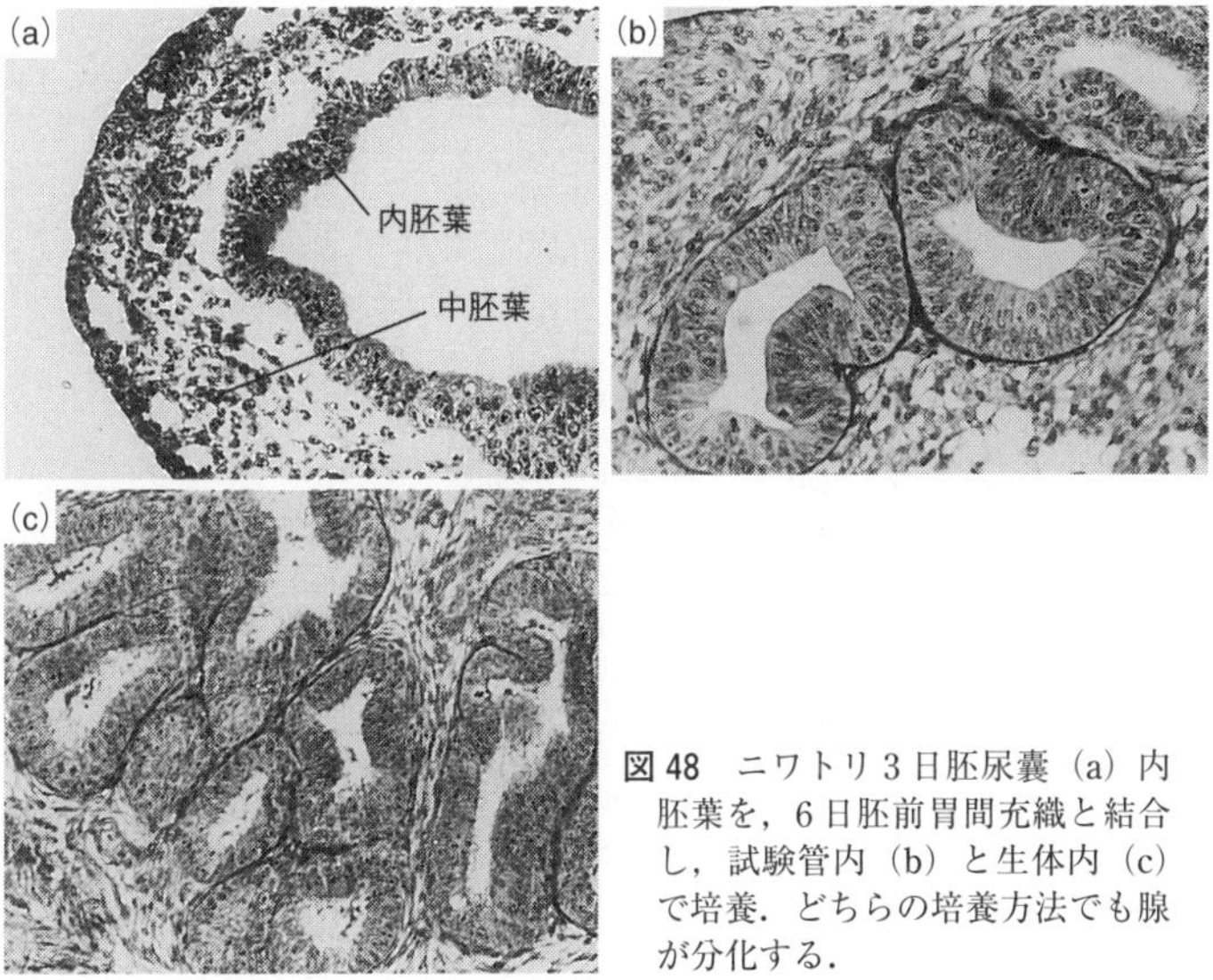

図 48 ニワトリ3日胚尿嚢（a）内胚葉を，6日胚前胃間充織と結合し，試験管内（b）と生体内（c）で培養．どちらの培養方法でも腺が分化する．

培養し、その分化を調べると、組合わせによって結果はさまざまであった。簡単にいうと、前方の器官つまり食道、前胃、砂嚢の上皮は比較的反応性が高くて間充織の指令を受けやすく、一方小腸の上皮は影響を受けにくくて、異種の間充織が共存しても我が道を行く感があった。それでも、小腸の上皮を前胃間充織とともに培養すると、腺を生じるので、前胃の間充織はある程度上皮の発生運命に影響を与えていることも確かであった。

消化器官上皮の機能的分化と組織間相互作用

これらの結果は消化器官上皮がある程度反応性をもっていることを示したが、その結果の判定はもっぱら顕微鏡を通して目で見た姿に頼っていた。もちろん、形態的分化も重要なことであるが、最終的には機能的分化と形態的分化の両者がマッチしない限り個々の器官は正しく機能しない。というわけで、われわれは上に述べた胚期ニワトリペプシノーゲン（ＥＣＰｇ）を精製し、その抗体をつくって実験に役立てることにした。

実験の方法は同じである。六日胚消化器官と三日胚尿嚢を取出し、消化器官からは間充織を、尿嚢からは内胚葉を分離して、両者を組合わせ、器官培養する。数日間培養した後に培養片を適当に処理して、内胚葉にＥＣＰｇが合成されたかどうかを抗体を用いて調べた。最も注目されるのは、前胃間充織とともに培養され、腺を形成した尿嚢内胚葉が、機能的にも分化してＥＣＰｇを産生したかどうかであった。結果はまたまた明瞭で、尿嚢内胚葉は腺を形成しても決してＥＣＰｇを合成・分泌しなかった。このことは何を物語るのだろうか。

細胞、あるいは組織が分化するということは、実は大変に複雑なプロセスであって、一つのできごとがきっかけとして起これば後は一気に最終的、完全な分化に至るのではないということを、上の実験は示している。間充織からの何らかのシグナルが上皮細胞（内胚葉細胞）のいくつかの遺伝子の働きを変更して、本当は尿嚢の上皮になるはずの細胞を前胃上皮になるように仕向けたが、そのシグナルは腺形成はひき起こしても、ＥＣＰｇ産生までは誘導できなかったのである。

それでは、上皮として尿嚢ではなく消化器官のものを用いたらどうなるであろうか。六日胚から食道、前胃、砂嚢、小腸を切出し、それぞれ間充織と上皮に分離し、４×４通りの組合わせをつくって培養した（表３）。この実験から得られた結果は、その後の研究の方向を決定づけるものであった。

最大の収穫は、正常発生では決してECPgを産生しない食道や砂嚢の上皮が、前胃間充織存在下でそれを合成したことである。これらの上皮は、腺構造を形成し、上皮細胞は盛んにECPgを合成した。つまりこれらの上皮細胞は、形態的のみならず機能的にも間充織の誘導を受けて前胃腺上皮細胞へと分化したのである。

一方、正常発生ではECPgを産生・分泌する前胃上皮は、砂嚢間充織存在下で、腺も形成せず、ECPgも合成しなかった。したがって、砂嚢間充織は上皮に対して腺形成やECPg合成を抑制する作用をもつことが考えられた。つまり、前胃間充織と砂嚢間充織の間にはECPg誘導に関して重要な差異が存在することが示唆された。さらに、小腸の上皮は、前胃間充織があっても（腺は形成するが）決してECPgを合成しないので、食道、前胃、砂嚢の上皮と、小腸の上皮との間にもECPg合成、いいかえれば間充織からの作用に対する反応性に関して、差があることがわかったのである。正常発生において、前胃上皮のみにECPgが合成されてくる秘密は、間充織の誘導的な作用と、上皮の反応性

表 3 6日胚消化器官の上皮と間充織の組合わせ培養片におけるペプシノーゲンの発現

間充織	上皮			
	食道	前胃	砂嚢	小腸
食道	1/ 8	4/ 6	1/10†	0/ 8
前胃	11/11	9/ 9	26/29	0/ 7
砂嚢	0/ 3	0/ 7	0/ 9	0/ 3
小腸	1/ 6	5/ 6†	10/14	0/ 3

† きわめて少数の細胞のみがペプシノーゲンを発現.

の違いによって説明されることとなった。少し複雑な話になったが、図示すると理解しやすいであろう（図49）。

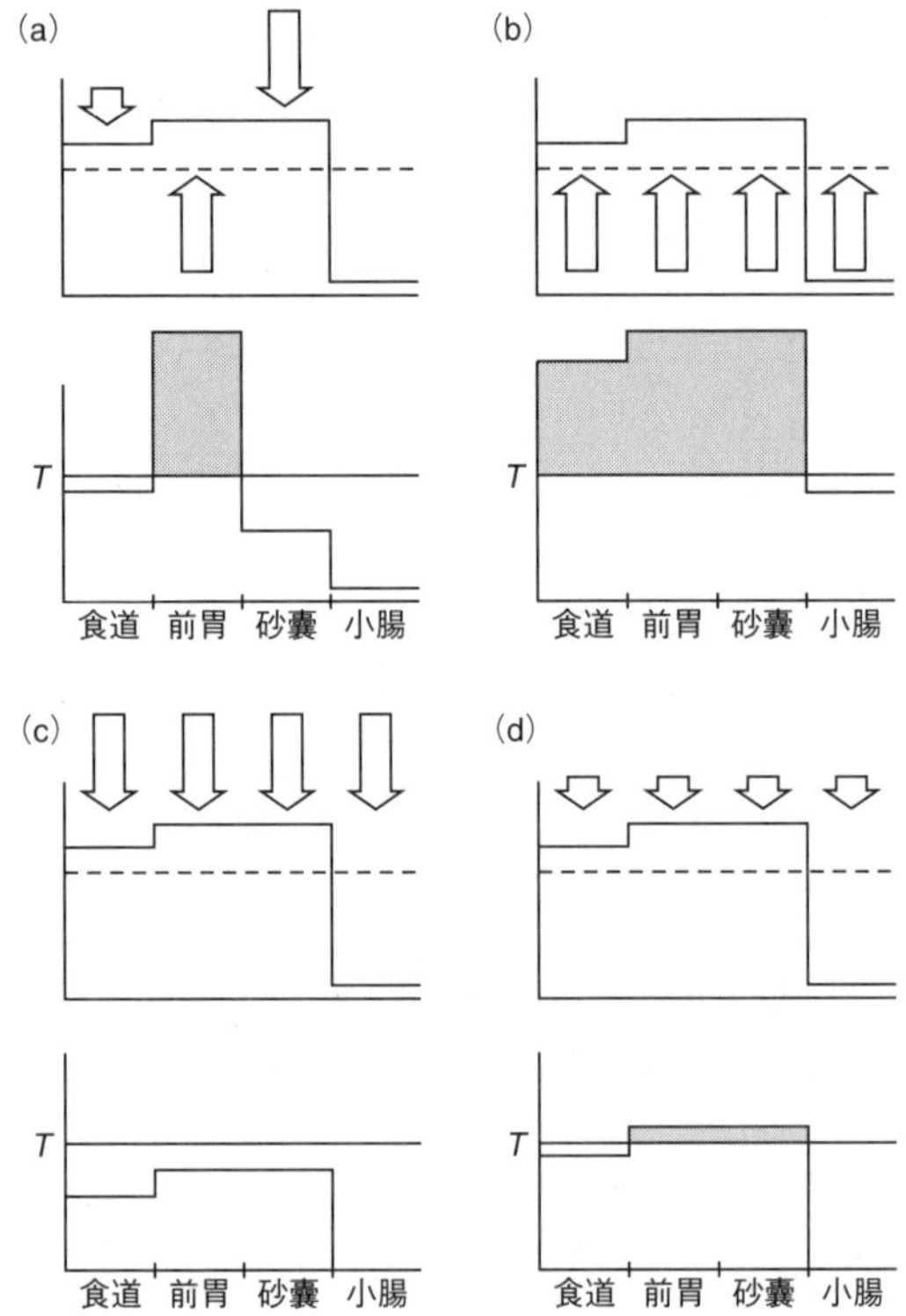

図 49 ニワトリ胚消化器官におけるペプシノーゲン産生上皮の分化のモデル．縦軸は各器官上皮のペプシノーゲン産生のポテンシャル．矢印は間充織の抑制（下向き）あるいは促進（上向き）的作用．各組の上段は6日胚，下段は分化後の状態．(a) 正常発生．各上皮のポテンシャルがそれぞれの間充織の作用によって変化し，前胃のみでポテンシャルが閾値（T）を超えてペプシノーゲンを発現する．(b) 実験的に前胃間充織の影響下におくと，食道，前胃，砂嚢上皮がペプシノーゲンを発現する．(c) 砂嚢間充織の影響下ではいずれも上皮もペプシノーゲンを発現しない．(d) 食道間充織の影響下では前胃と砂嚢の上皮がわずかにペプシノーゲンを発現する．

消化器官上皮の機能的分化は、ECPgの発現だけでなく、腸の消化酵素であるスクラーゼを指標としても研究された。スクラーゼは主として小腸の上皮細胞が合成する消化酵素で、食物中の二糖を単糖に分解する。この酵素タンパク質は上皮細胞の、微絨毛とよばれる特殊な電子顕微鏡的構造に組込まれるので、消化器官上皮と間充織の組合わせ培養片について、電子顕微鏡による観察と、スクラーゼ抗体を用いた検討がなされた。その結果、砂嚢の上皮と前胃の上皮は小腸の間充織の誘導によって微絨毛形成とスクラーゼ合成を行うことが確認された。もちろん前胃や砂嚢の間充織にはそのような誘導作用はないのだが、小腸の上皮はしばしばこれらの間充織との共培養で、スクラーゼを合成した。このことは、六日胚小腸上皮の発生運命がすでにある程度決定されていて、間充織の誘導を受けにくくなっているためと考えられる。これは上に述べた、小腸上皮が前胃間充織存在下でもECPgを合成しえないことと一致する。

このように、消化器官上皮細胞の発生運命の決定は、間充織からの誘導的作用と、それに対する上皮細胞の反応性によってなされる、という結論が得られた。

ECPg 遺伝子のクローニングと、分子生物学的研究

発生生物学（ちょっと前までは発生学）では、ながらく、名人芸的な技術を駆使した実験発生学が主流であった。しかしちょうどわれわれが上のような研究を行っているときに、発生プロセスにおける遺伝子発現の調節機構を探ろうとする研究が盛んになってきた。われわれもそこで、上皮細

胞における分化の問題を遺伝子のレベルで研究するために、ECPgの遺伝子をクローニングして、その発現調節機構を探ることにした。実はECPg遺伝子のクローニングは、別の目的でなされた。それは、前述のように、腸の上皮は前胃間充織存在下でもECPgを合成しないが、それはECPgのメッセンジャーRNA（mRNA）は転写されているが、何らかの機構でタンパク質に翻訳されないのではないか、という疑問に答えることであった。われわれは当時（一九八七年ごろ）はまだ例数の少なかった発現ベクターを用いる方法でECPgのcDNAをクローニングし、ついでECPgのゲノムの遺伝子もクローニングした。

もともとの目的だった、前胃間充織存在下での小腸上皮におけるECPg遺伝子発現は、大変きれいな結果となった。前胃間充織とともに培養された食道、前胃、砂嚢の上皮は、正常前胃におけるのと同じ長さのECPgのmRNAを合成したが、小腸や尿嚢の上皮ではECPgのmRNAは決して検出されなかった。したがって、前胃間充織の作用は、ECPg遺伝子の発現を促すことはなかったのである。

それでは、食道や砂嚢の上皮細胞のECPg遺伝子が前胃間充織の作用で発現する機構はどのようなものであろうか。現在のところ、間充織からのシグナルの本体は明らかではないのだが（一九五ページ参照）、このシグナルがECPg遺伝子を働かせる（転写させる）には、この遺伝子のどの領域が関係しているのだろうか。これらの疑問は、次のような手の込んだ、巧みな実験で解析された。

遺伝子の転写に必要な領域を決定することは、そこに結合する因子を同定するために、重要なことである。そのためには、ふつう、遺伝子の5′上流（または3′下流、または遺伝子内）の領域にレポーター遺伝子をつないで、本来その遺伝子を発現する細胞に導入するのが一般的である。レポーター遺伝子というのは、その遺伝子の産物（ふつうはタンパク質）が容易に検出される遺伝子である。その細胞内にはその遺伝子を転写させるのに必要な因子がそろっているはずで、もしレポーター遺伝子につないだ領域がこれらの因子の正しい結合領域であれば、レポーター遺伝子が転写され、レポータータンパク質が検出されるはずである。このような実験系によって多くの遺伝子の転写調節領域が決定されてきた。

しかしニワトリ胚前胃上皮細胞を単独で培養しても、ECPg遺伝子は発現しない。したがってECPg遺伝子の5′上流領域をレポーター遺伝子につないだコンストラクト（異なるDNA領域を結合した分子）を上皮細胞に導入しても、レポーター遺伝子が発現する可能性はない。そこでわれわれは、コンストラクトを導入した前胃または砂嚢上皮細胞を、前胃または砂嚢間充織細胞と混合して培養する方法を考案した。上皮細胞も間充織細胞も単細胞にまで解離してから混合するのであるが、一日か二日たつとこれらの細胞は「細胞選別」を起こして、上皮細胞は上皮細胞どうし、間充織細胞は間充織細胞どうし集合するのである。結果的には上皮と間充織組織を結合したのと同様の培養片が得られる。

ECPg遺伝子の5′上流3kb（キロ塩基）のDNA断片に、*lacZ*とよばれるレポーター遺伝

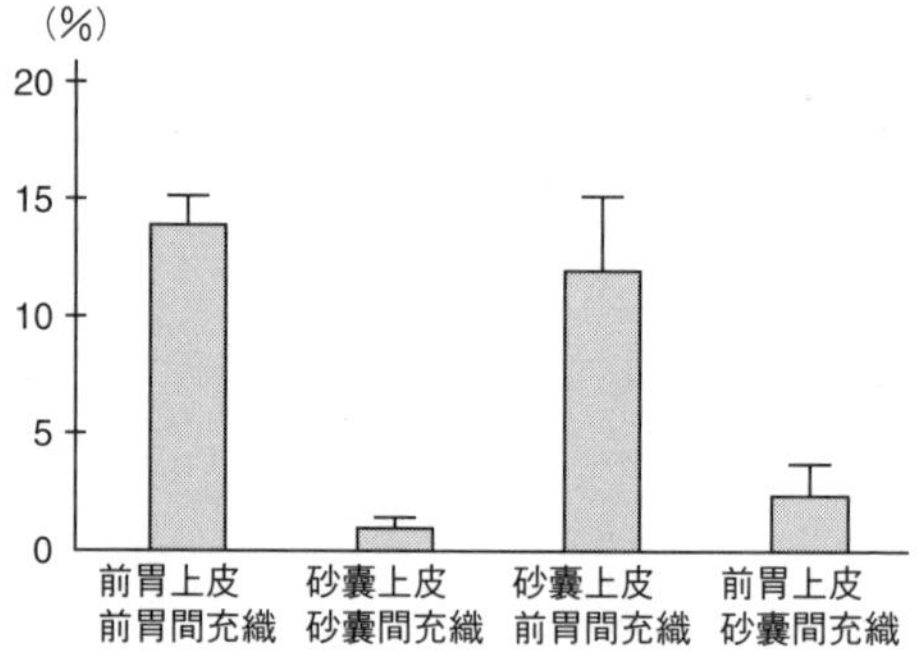

図 50 上皮細胞に ECPg 遺伝子上流 約 3 kb とルシフェラーゼ遺伝子をつないだ DNA を導入したときのルシフェラーゼ活性（相対値）.

子をつないで、前胃または砂嚢上皮細胞に導入し、前胃間充織細胞とともに培養すると、*lacZ* 遺伝子は上皮が腺を形成してECPgを発現しているところで発現することがわかった。すなわち、ECPg遺伝子が正しい発現をするためには、5′上流3kbが必要かつ十分である。ついで、*lacZ* より感度よく検出できるルシフェラーゼ遺伝子をレポーター遺伝子として、いろいろな長さの5′上流領域をつないで前胃または砂嚢上皮に導入し、それぞれを前胃または砂嚢間充織細胞とともに培養した。その結果、上流1kbあれば前胃間充織の誘導的作用や砂嚢間充織の抑制的作用を正しく反映して、ECPg遺伝子の転写が起こることが明瞭に示された。ただし、発現の量は3kbの領域を用いたときより低いので、上流1kbと3kbの間には発現量を調節する、いわゆるエンハンサーが存在することも示唆された（図50）。

この実験は、間充織の作用がECPg遺伝子上流1kbを介して遺伝子発現を制御していることを示すので、今後はこの領域に結合する因子を検索し、その因子の発現を調節する因子、というように、ECPg遺伝子からさかのぼって間充織因子の同定に至る可能性も出てきたわけである。

実際、つい最近になって、この1kbの範囲に、GATAという転写因子が結合する領域とSOXという転写因子が結合する領域があること、GATA転写因子やSOX転写因子はそれらの領域に結合してECPg遺伝子の発現を調節していることがわかった。研究は一歩一歩前進している。

間充織因子の本体は何か

上皮の分化が間充織からの因子と上皮の反応性によって決定されるとすれば、次に明らかにしたいことは間充織因子の本体と、上皮の反応性を決める（上皮の領域を決める）因子である。

間充織因子の性質についてはたくさんの実験発生学的研究が行われた。たとえば、上述の組織組合わせ実験から、前胃腺とECPgの誘導活性は前胃間充織のみならず肺間充織にもあり、活性はむしろ肺間充織の方が高いこと、前胃の間充織の作用は遠くまで及ばないこと（このことは上皮と間充織間にフィルターをはさんだ実験から結論された）、しかし前胃間充織の作用は少なくとも二つの部分に分けて考えることができることなどが示された。最後の点についてもう少し詳しく述べよう。前胃（または砂嚢）上皮を単独で培養すると、ECPgを発現することができない。しかし、上皮をフィルター上で培養し、その周囲を細胞外基質（コラーゲンやラミニン）で覆い、フィルターの反対側に前胃（または肺）間充織を置くと、上皮は活発にECPgを合成するようになる。このことは、上皮は正常発生の場合と同じように、細胞外基質と接し、そこに適当な物質が存在す

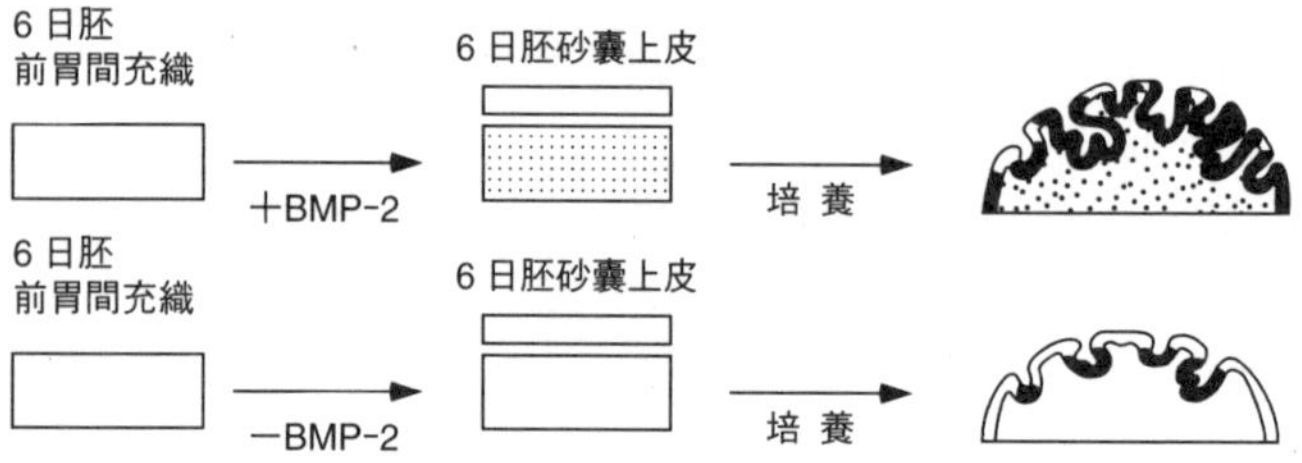

図51　BMP-2が前胃腺形成とECPg発現（黒い部分）を促進することを示す．

るとECPgを発現することを示している。同じようなことは、たとえば唾液腺などでも知られている。この場合は、唾液腺上皮を細胞外基質で覆って表皮成長因子EGFを培養液中に添加すると活発な腺形成を行うのである。

そこでわれわれは、前胃腺形成とECPg発現にも成長因子が関与している可能性を考え、いくつかの成長因子についてその発現パターンを調べてみた。現在、最も有望そうに思われるのは骨形成タンパク質（BMP）とよばれる一群の成長因子である。BMPはTGFβという成長因子の大きなファミリーの一員で、3章で活躍したアクチビンもその仲間である。BMPが有望であるのは、BMPの一種であるBMP-2が、ちょうど腺形成が起こる孵卵六日の直前から前胃間充織で発現すること、腺形成が一段落するころには発現がなくなること、食道や砂嚢ではほとんど発現がみられないこと、肺間充織にも豊富なBMP-2が存在すること、などである。さらに、BMP-2を間充織細胞に導入して強制的に過剰発現させると上皮の腺形成が促進されたのである（図51）。この結果はわれわれの系のみならず、多くの器官形成の研究にとって重要な意味をもつようになるかもしれない。

上皮の領域の決定

もう一つの問題は上皮の領域がどのようにして決定されるかということである。前にも述べたように、腸の上皮は明らかにその性質が食道や前胃や砂囊の上皮と異なっていて、前胃間充織の存在下でもＥＣＰgを発現することがない。

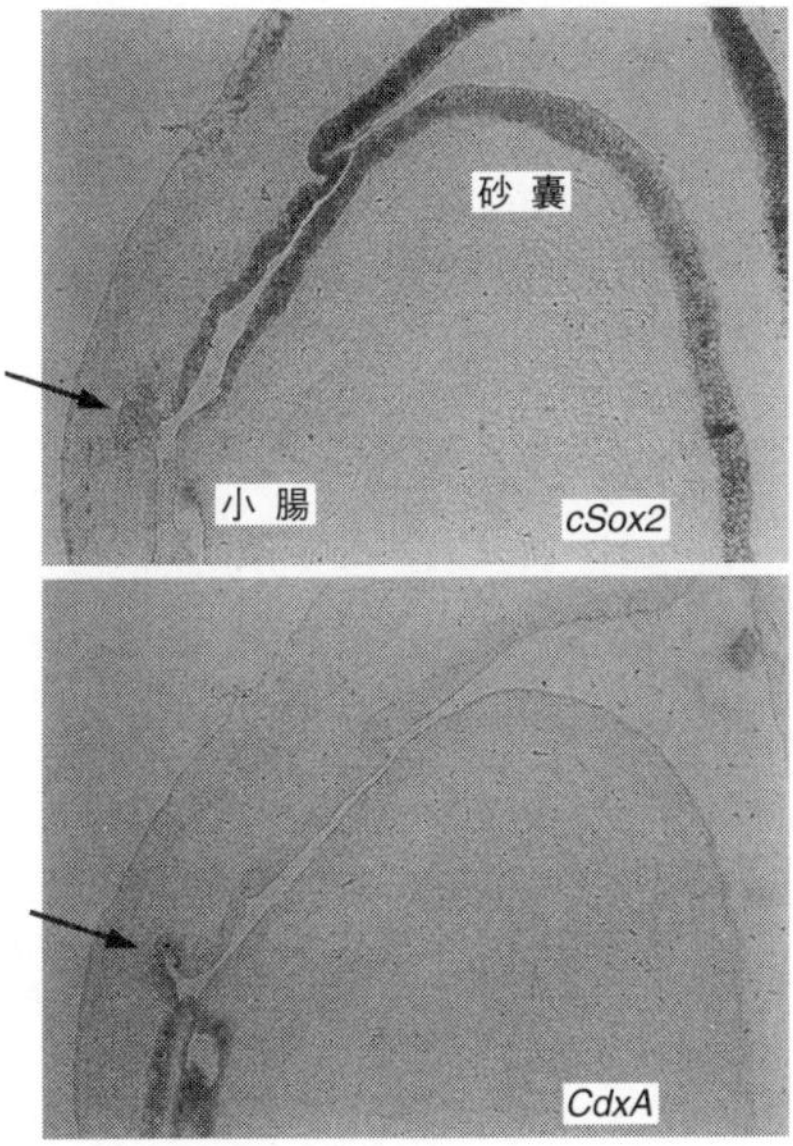

図 52 6日胚での *cSox2*, *CdxA* の発現.
→ は砂囊と小腸境界.

上皮の領域がどのようにして決まるかを調べるために、われわれはいくつかの遺伝子の上皮における発現を調べ、領域特異的に発現している遺伝子が存在することがわかった。たとえば、食道、前胃、砂囊といった、適当な条件下ではＥＣＰgを発現しうる上皮は共通して *cSox2* という遺伝子を発現し、一方ＥＣＰgの発現能をもたない腸上皮は *CdxA* という遺伝子を発現している（図52）。

消化器官のがんと遺伝子

いろいろながんが遺伝子の突然変異や遺伝子の働きの変化によって生じることがわかってきている．有名なのはいわゆる発がん遺伝子（がん遺伝子）で，これらの遺伝子の多くは細胞の増殖（分裂）を支配する遺伝子である．そのような遺伝子が正常に働かないと，細胞はひたすら増殖するようになってしまう．一方，正常な状態では，細胞のがん化を抑制している遺伝子（がん抑制遺伝子）も見つかってきて，これらの遺伝子の変異も細胞のがん化へと導く．がんの遺伝子治療は，がん細胞に正常のがん抑制遺伝子を導入して，細胞の状態を正常に戻そうというものである．

消化器官にも遺伝的要素の強い（家族性といわれる）がんが知られている．最も有名なのは家族性結腸ポリポーシスという病気で，大腸にたくさんのポリープが生じ，いずれは悪性のがんができる．この病気の原因遺伝子として *Apc* という遺伝子が同定された．*Apc* は，その働きはまだ完全には解明されていないが，細胞の外からくる成長因子などのシグナルを細胞の核に伝える経路で重要であると考えられている．そして，この遺伝子もまた，がん抑制遺伝子であろうといわれている．

Apc の働きを調べるために，この遺伝子の働きをなくしたマウス（ノックアウトマウス）がつくられた．遺伝子はどの細胞にも二つあるわけだが，両方の遺伝子をともにノックアウトすると，そのマウスは発生の途中で死んでしまう（この遺伝子が発生に重要な働きをしていることがわかる）．そこで，一方の遺伝子のみをノックアウトすると，このネズミはちゃんと生まれ，生殖して子どもつくることもできるが，しだいに腸にポリープが生じるのである（どういうわけかネズミでは小腸にポリープができる）．しかも，思いがけないことに，ポリープの細胞では，正常な方の遺伝子が消失していた．おそらくヒトのポリープやがんの場合も，二つの遺伝子のどちらかに変異が生じる（あるいは遺伝的にその遺伝子を受継ぐ）ことがあっても，それだけではポリープやがんを生じないが，正常な遺伝子が消失するとがん抑制機能がなくなり，細胞が悪性化すると考えられる．

がんという，人間にとって最後の難病ともいうべき病気が，しだいに遺伝子のレベルで解明されている，一つの例である．

この二つの遺伝子の発現の境界はちょうど砂嚢と腸（十二指腸）の境界にあり，しかも二つの遺伝子の発現境界はぴったり一致している。このことから前方の（口側の）上皮と後方の（肛門側の）上皮はそれぞれ *cSox2* と *CdxA* によって特徴づけられるとも考えられる。また，cGATA5 という転写因子の遺伝子は，食道上皮では発現せず，前胃から後方の上皮で発現する。したがって cGATA5 の発現は，食道以外の消化器官の上皮を特徴づけている。これらの遺伝子の発現も，ある場合には間充織の制御を受けていて，正常では *CdxA* を発現しない前胃または砂嚢の上皮も，腸間充織との共培養では *CdxA*（とスクラーゼ）を発現するようになる。したがって，消化器官上皮の領域特異性を決定している遺伝子群も，結局は間充織の制御を受けているように思われる。

たくさんのページを費やして消化器官の発生における細胞分化，特に組織間相互作用による細胞分化の制御について述べてきた。少し話がむずかしかったかもしれないし，もちろんここには述べることのできなかった課題もまだまだ多く，研究に終わりはやってこない。ただ，それが存在し，機能していることが当たり前に思われる消化器官にも，でき上がるまでには実に多くのプロセスが関与していること，調べても調べてもその形成の本当の秘密はなかなかわれわれの目の前に表れてこないことがおわかりいただけたと思う。

そのほかの器官の形成と組織間相互作用

手足の形成

脊椎動物のうち陸上動物は前足と後足をもっている。鳥類では前足はもちろん翼であり、われわれでは腕と手とよばれる。前足と後足を一括して四肢という。われわれの手のつくりと働きをみると、それがいかに合目的的に巧みにつくられているかに驚嘆する。しかもある動物ではまったく別の機能が四肢に割り当てられていて、それに応じて四肢の構造も当然変わっている。しかし近年の研究は、四肢の形成が、少なくとも陸上脊椎動物の間ではよく似ていること、それでいて各種に固有の四肢形成過程が存在することも示している。本章では、ニワトリを例に、手足ができるまでの分子生物学的な研究をざっと紹介しよう。

ニワトリでは（他の陸上脊椎動物でも同様であるが）体の胴体の左右に膨らみが生じ、それが伸びて手足の原基になる。この膨らみは外側を表皮が覆い、内側には間充織細胞のかたまりが詰まっている。膨らみ（肢芽）は、急速に伸び、やがて間充織中には上腕骨（足では大腿骨）、橈(とう)骨と尺骨（足では脛骨と腓骨）、手根骨（足では足根骨）、指骨などのもとになる軟骨が生じ、指と指の間の皮膚が消滅して指が見えてくる（図53）。

このような肢芽の発生では、表皮と間充織の相互作用によって肩から腕の先までの構造、前方（親指側）から後方（小指側）にかけての構造が順序よくできてくることが知られている。まず、

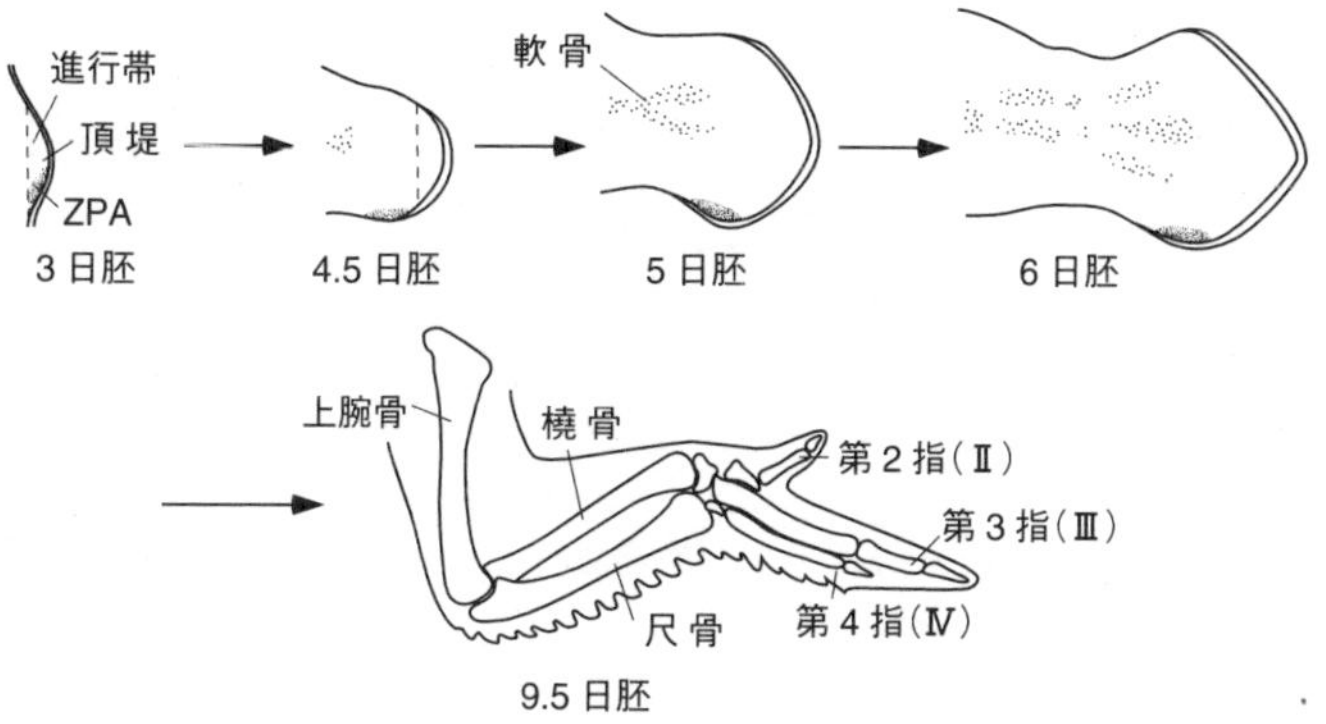

図53　ニワトリの前肢の発生過程．ZPA：極性化活性帯

表皮のうち先端の部分（外胚葉性頂堤ＡＥＲというむずかしい名前がついている）は肢芽の成長に必須であり、この部分の細胞は塩基性繊維芽細胞成長因子（ｂＦＧＦ）という成長因子を放出して間充織の成長（増殖）を維持する。したがってＡＥＲを除去すると肢芽の成長が止まってしまう。しかし、ＡＥＲによる成長の維持はＡＥＲから数百ミクロンの範囲（進行帯）内だけであり、その外側に出た間充織細胞は上に述べたように軟骨などに分化する。早くにこの成長域を出た細胞は上腕骨になり、ついで橈骨と尺骨、手根骨、指骨の順序で分化する。したがって、肢芽の基部から先端にかけての構造は、表皮の影響でその順序が決まっていると考えることができる。

一方、前方（頭側）から後方（尾側）にかけての構造がきちんとできるには、肢芽の後方の領域が重要であることが知られている。肢芽の後方の間充織（極性化活性帯ＺＰＡ）を別の肢芽の前方に移植すると前方にも後

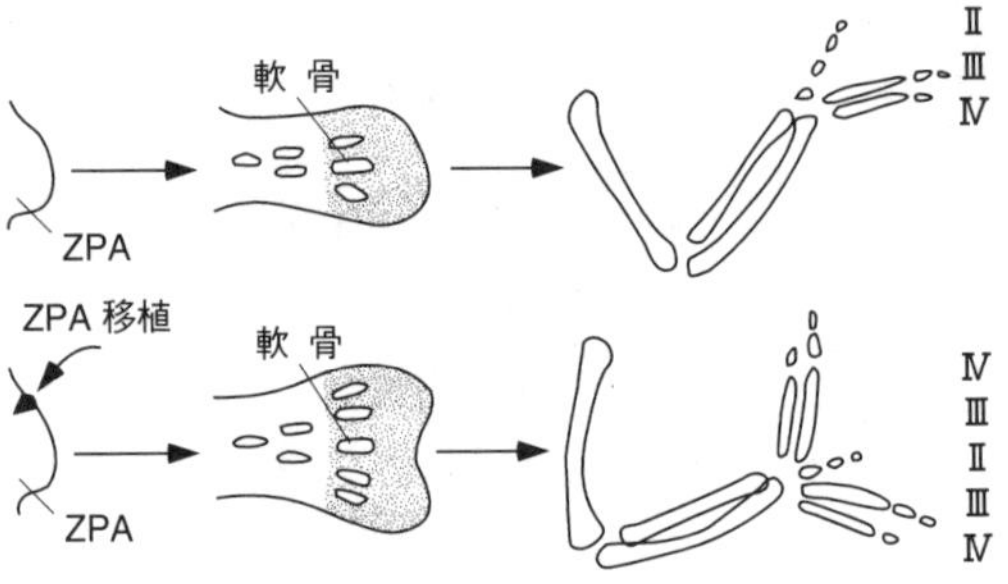

図 54　ZPA の作用を示す実験．Ⅱ，Ⅲ，Ⅳはそれぞれ第 2 指，第 3 指，第 4 指を示す．

方の指ができ、重複肢が生じる（図54）。したがって前後方向を決定するのはこの部分らしいことがわかるわけである。ＺＰＡがどのような物質を放出して、その濃度の違いによってどのような機構で前後方向が決定されるかは今もって完全には理解されていないが、いくつかの候補物質があげられてきた。そのなかでは、ソニックヘッジホッグ（Ｓｈｈ）という分泌タンパク質が重要であるといわれた（二八ページ参照）。ＳｈｈはＺＰＡで発現していて、Ｓｈｈの遺伝子を適当な方法で肢芽の前側で発現させると指の鏡対称の重複が起こる。しかし、Ｓｈｈの前後軸の決定における本当の役割にはまだ不明な点も多い。いずれにしても、肢芽の発生では、表皮と間充織の間に複雑な情報交換のネットワークがあり、それが手足という複雑な器官の形成に重要である。

さらに最近、前肢（ニワトリの場合は翼）と後肢の特徴を決定する遺伝子も見つかった。Ｔｂｘ５という遺伝子が前肢の形成に、Ｔｂｘ４が後肢の形成に重要である。Ｔｂｘ５を後肢の原基で働かせると前肢に似た形態のものが分化する。このように、手足の形成では、その初期から最終的な形になるまでの各段階で、多くの遺伝子の働きが明らかになってきている。

腎臓の形成

腎臓は血中の老廃物をこしとって体外に排泄する重要な任務をもった器官である。その形成過程は複雑であるが、この器官の形成にも組織間相互作用が働いている。

でき上がった腎臓は、血管（糸球体）から液体成分をこしとるボーマン嚢、それに続く長い尿細管、尿細管が集まる集合管からなっている。集合管は腎盂（う）となり、腎盂からは尿管が伸びて膀胱まで尿を運ぶ。さて、これらの構造のうち尿管と集合管は尿管芽という管から生じ、一方尿細管とボーマン嚢は造腎間充織という細胞塊から生じる。

まず膀胱の原基の近くから尿管芽が伸び、その先端が造腎間充織の細胞塊に触れると、間充織からの誘導で尿管芽が枝分かれを起こして集合管となる。ついで、今度は集合管の細胞の誘導作用で造腎間充織の細胞が集合し、しかもすぐに中空の小管となる。これが尿細管で、急速に伸張し、その先端（集合管と接している方と反対側の先端）がくぼんでボーマン嚢を形成するのである。尿細管と集合管の間の仕切りが破れれば、ボーマン嚢から尿管まで、一本の管となって尿をつくり、運ぶことができるようになる（図55）。

集合管から造腎間充織への誘導作用もよく解析されている。目の細かいフィルターを隔てて集合管と造腎間充織を結合して培養すると、間充織中に尿細管のような管が誘導されるので、集合管の

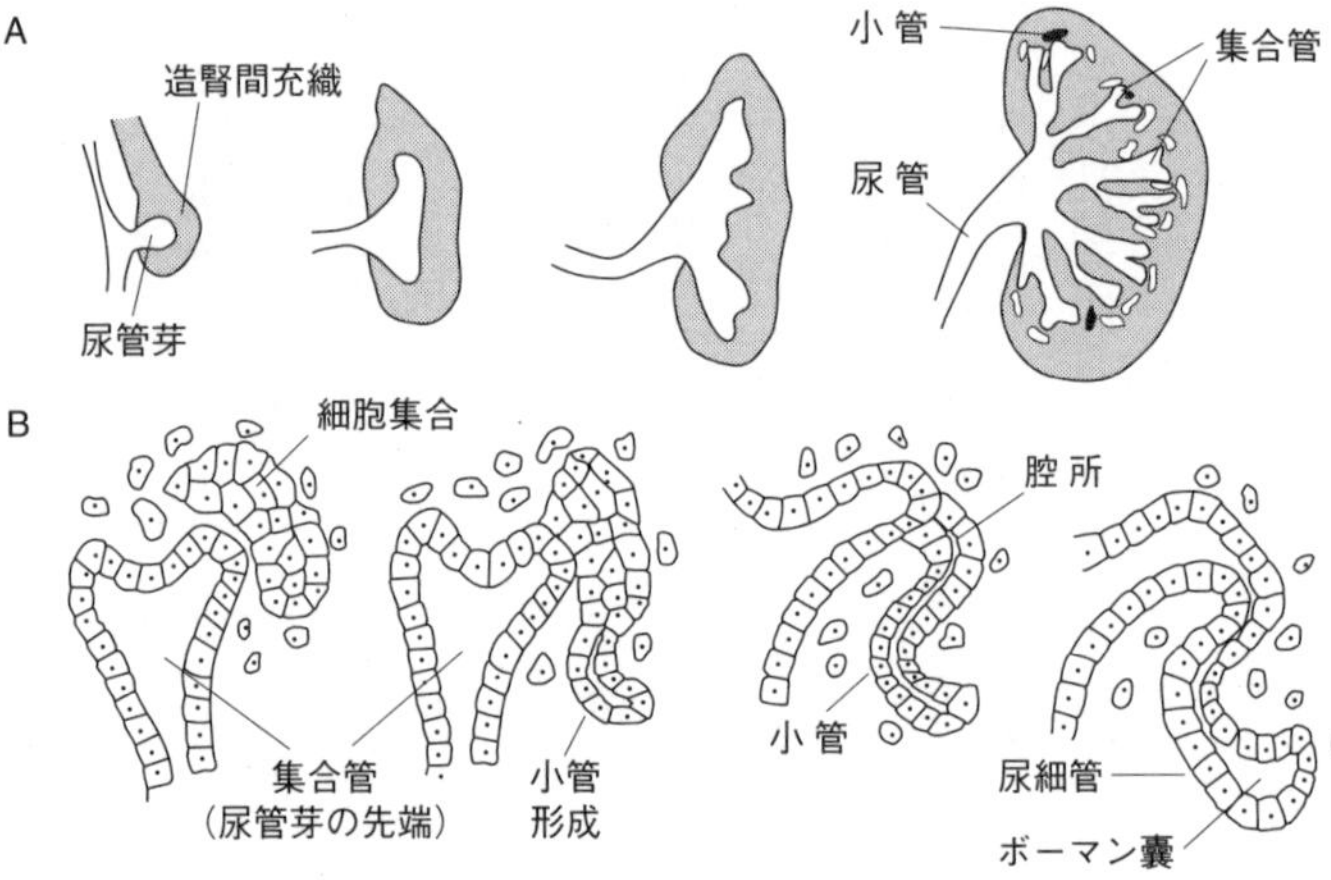

図 55　腎臓の形成過程．A：概観，B：細部．尿細管はやがて著しく伸張する．糸球体などは省略されている．

誘導物質はフィルターを通過するものと思われた。しかし、電子顕微鏡を使ってよく観察すると、細胞の突起がこのフィルターの目を通り抜け、両方の細胞が接触していることがわかった。このことから、誘導には細胞どうしの接触か、細胞外基質を介した接触が必要であることが推測された。実際、その後の研究から、造腎間充織を適当な細胞外基質で覆って、ある種の成長因子を与えると、誘導源の非存在下でも誘導が起こること、さらに進んで、尿管芽をあらかじめ培養した液に成長因子を加えておいて、そこで間充織を培養しても誘導が起こることなどが明らかにされた。これらのことは、誘導にはなにか成長因子が関与していて、それらの因子の働きの伝達には細胞外基質が必要なのだということを示唆している。

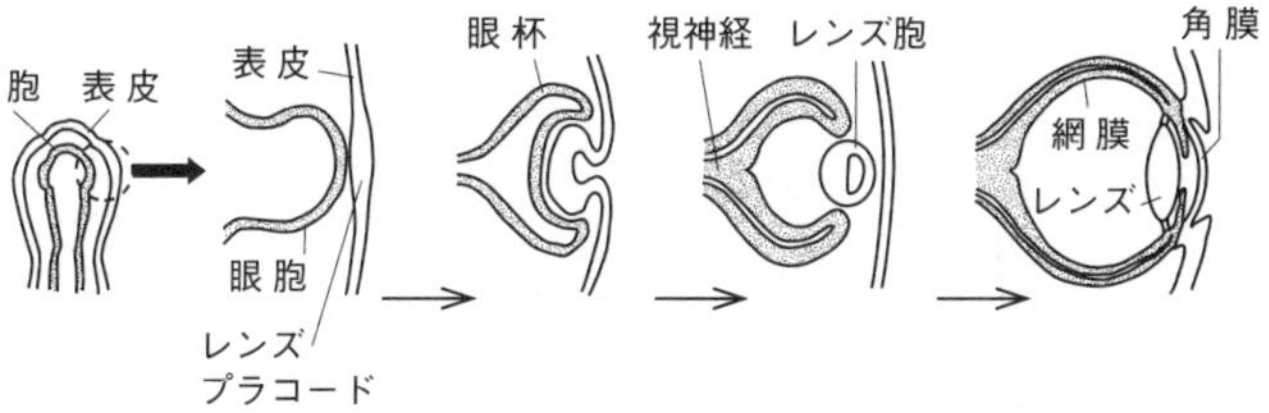

図56　レンズの発生

眼の形成

眼は多くの動物にあって、その構造や関係する物質はいろいろだが、基本的には光を集めるレンズと、光を感じる感覚細胞の層からなっている。脊椎動物の眼がカメラにたとえられる構造をしていることは中学校や高等学校で習うところである。眼の形成に関する誘導のことも、高等学校ではシュペーマンの形成体の働きとともに必ず学習するのでよく知られている（図56）。つまり、脳の一部である眼胞が側方に突出して外胚葉と接し、その部分の表皮に働きかけてレンズに分化させる。ついでレンズが再び表皮に作用して角膜の形成を促す。もともと脳というものは神経管から生じるものであり、神経系の形成は脊索の誘導を必要とするので、眼の発生においては何段階もの誘導作用が順序よく働くことが不可欠である。このことを「誘導の連鎖」とよび、多くの教科書に取上げられている。

このような誘導作用の生物学的、分子的性質についても研究が多くなされ、必ずしも私たちが学ぶほど事態は簡単ではないことがわかってきたが、本質的にはこのような誘導作用の存在は否定されていない。

つい最近になって、眼の形成にかかわる遺伝子の研究が進んで、実に驚くべきことがわかってきた。哺乳類でまれに小眼や無眼の奇形が生じるが、その原因遺伝子の一つ（Pax6）が同定された。ついでそれとよく似た遺伝子がショウジョウバエでも眼の形成にかかわっていることが示されたのである。ヒトのPax6遺伝子をショウジョウバエに導入して、本来眼にならない肢や触角で働かせると、なんとそこに眼が誘導される。この研究は、昆虫の眼と脊椎動物の眼のようなまったく異なる構造の眼の形成が、ほとんど同じ遺伝子の働きによってコントロールされていることを明瞭に示しており、進化的な観点からもきわめて興味深いことである。この例からもわかるように、動物の体づくりにかかわる遺伝子の働きは、ある場合には広い範囲の動物種でよく保存されている。しかしその結果生じる器官の形態はまるで異なることもある。このようにして、生物の最も基本的な性質である共通性と多様性が生じるのであろう。

おわりに

この章では、動物の体づくりにかかわるいろいろな現象、特に細胞と細胞の相互作用、組織と組織の相互作用に重点をおいて述べてみた。少し細かい話やむずかしい遺伝子の名前が出てきて、混乱されたかもしれない。われわれが普段その働きを意識しないでいる多くの器官がきちんと働くのは、発生の間に実に微妙なできごとが正確に進行することによっているのだということを理解していただければ、筆者の目的は達せられたことになる。もちろんこのことが器官形成についてだけいえるのではないことは、前の方の章をお読みいただければすぐわかるであろう。生殖細胞の形成も、体軸の決定も、中胚葉誘導も、どの一つをとってみても複雑にからみあった遺伝子や分子のネットワークが重要である。われわれの体づくりというものは、まことに精妙な仕組みでコントロールされているのである。

本書に登場する実験動物のデータベースとホームページ

ショウジョウバエのデータベース

http://shigen.lab.nig.ac.jp:7081/
http://jfly.nibb.ac.jp/index-j.html

ホヤに関するホームページ

http://devl.bio.konan-u.ac.jp/index-j.html（西方敬人氏のページ）
http://www.aist.go.jp/NIBH/ourpages/okamura/index-j.html
（岡村康司氏のページ）

アフリカツメガエルのデータベース

http://xenbase.org

ニワトリ遺伝子のデータベース

http://poultry.mph.msu.edu/

本書の著者の電子メールアドレスおよびホームページ

小　林　　悟（skob@nibb.ac.jp）

西 田 宏 記（hnishida@bio.titech.ac.jp）
http://www1.bio.titech.ac.jp/~mhoshi/index-j.html

木　下　　圭（kinoshk@venus.dti.ne.jp）

浅　島　　誠（asashi@bio.c.u-tokyo.ac.jp）

西 駕 秀 俊（saiga-hidetoshi@c.metro-u.ac.jp）
http://www.comp.metro-u.ac.jp/~saigahs/

八 杉 貞 雄（yasugi-sadao@c.metro-u.ac.jp）
http://www.comp.metro-u.ac.jp/~ys888tmu/yasugi.html

さらに知識を深めたい方に

一般的なもの

岡田益吉,『昆虫の発生生物学（UPバイオロジー68）』, 東京大学出版会（1988）.

山名清隆,『カエルの体づくり』, 共立出版（1993）.

八杉貞雄,『発生の生物学』, 岩波書店（1993）.

岡田節人,『からだの設計図（岩波新書）』, 岩波書店（1994）.

西田宏記,『すべては卵から始まる（岩波科学ライブラリー19）』, 岩波書店（1995）.

浅島 誠編,『発生生物学』, 朝倉書店（1996）.

岡田益吉編,『発生遺伝学』, 裳華房（1996）.

浅島 誠,『発生のしくみが見えてきた（高校生に贈る生物学4）』, 岩波書店（1998）.

少し専門的なもの

器官形成研究会編,『器官形成』, 培風館（1988）.

黒岩 厚,『ホメオボックス』, 講談社サイエンティフィク（1989）.

日本分子生物学会編,『ショウジョウバエの発生遺伝学』, 丸善（1989）.

八杉貞雄,『発生と誘導現象（UPバイオロジー91）』, 東京大学出版会（1992）.

八杉貞雄, 西駕秀俊監訳,『発生生物学の必須テクニック』, メディカル・サイエンス・インターナショナル（1995）.

岡田益吉, 長濱嘉孝編,『生殖細胞—形態から分子へ—』, 共立出版（1996）.

佐藤矩行編,『ホヤの生物学』, 東京大学出版会（1998）.

上野直人, 野地澄晴,『新　形づくりの分子メカニズム』, 羊土社（1999）.

浅島 誠, 駒崎伸二,『分子発生生物学』, 裳華房（2000）.

科学のとびら41
たった一つの卵から
発生現象の不思議
二〇〇一年十月二十五日　第一刷発行

編著者　西駕秀俊・八杉貞雄
発行者　小澤美奈子
発行所　株式会社　東京化学同人
東京都文京区千石三－三六－七(〒一一二－〇〇一一)
電話　〇三－三九四六－五三一一
FAX　〇三－三九四六－五三一六
印刷　ショウワドウ・イープレス(株)・製本　(株)松岳社
Printed in Japan　ISBN4-8079-1281-X
落丁・乱丁の本はお取替えいたします．

科学のとびら選

9 細胞はどのように動くか
太田次郎 著／一三〇〇円

筋肉の収縮、繊毛やべん毛の運動、アメーバ運動など、様々な細胞運動のしくみを分子レベルで解き明かす。

10 鳥はなぜ集まる？
群れの行動生態学
上田恵介 著／一三〇〇円

鳥が群れることの意味と、われわれが目にするなにげない鳥たちの行動を最新社会生物学の知見から説明。

12 ボルネオの生きものたち
熱帯林にその生活を追って
日高敏隆・石井 実 編著／一四〇〇円

数度にわたる北ボルネオで行われた調査をもとに、そこに住む生物たちの生活や行動が興味深く語られる。

14 新インスリン物語
丸山工作 著／一三〇〇円

その発見から今日の分子生物学的解明まで、劇的展開をみた探求の足跡をたどり、研究者の光と影を追う。

22 夢の植物を創る
岡田吉美 著／一四〇〇円

植物バイオのロマンとそれを支える学問的基盤をやさしく解説。学問としての面白さ、重要さがわかる書。

価格は税別（2001年10月現在）

科学のとびら選

34 身近の植物誌
山田正篤 著／一三〇〇円
同じ著者の手になる「気になる木」の続編。身近の植物に関する興味深い話題を満載したエッセイ。

36 エイズとの闘いII 新たな展開
杉本正信 著／一三〇〇円
初版刊行後の激動時期を迎えたこの10年間の新たな発見と展開を織りまぜて、エイズ問題を見つめ直す。

37 がんとくすり
橋本祐一 著／一二〇〇円
現在の制がん剤の現状と問題点を明らかにし、今後のがん制圧への新しい戦略を最新知識に基づき解説する。

38 コラーゲン物語
藤本大三郎 著／一二〇〇円
学問面のみならず、実用面でも注目されるコラーゲンの研究の足跡をたどるとともに、最新成果を紹介する。

40 脳と心の正体 神経生物学者の視点から
平野丈夫 著／一二〇〇円
心の働きを担う脳がどのようなもので、どのような原理で働いているかを、予備知識なしでわかるよう解説。

価格は税別（2001年10月現在）